高职高专机电系列教材

UG NX 12.0 产品三维建模与数控加工

刘佳坤　主编

清华大学出版社
北京

内 容 简 介

本书以 UG NX 12.0 简体中文版为基础,系统地介绍了软件的基本操作方法及进行实体建模、曲面建模的常用方法和基本操作,在此基础上介绍了软件的装配功能和工程图功能,最终落实在零件的数控铣削程序的编制。全书以装备制造类高等职业院校人才培养方案为指导,使学生在掌握软件功能的同时,更注重培养灵活快捷地应用软件进行工程制图的能力,更好地完成工程技术工作。

本书既可作为高等职业院校 CAD/CAM 课程的教材,也可作为各类培训班的教材,亦可作为企业工程技术人员的参考书。

本书封面贴有清华大学出版社防伪标签,无标签者不得销售。
版权所有,侵权必究。侵权举报电话: 010-62782989, beiqinquan@tup.tsinghua.edu.cn。

图书在版编目(CIP)数据

UG NX 12.0 产品三维建模与数控加工/刘佳坤主编. —北京:清华大学出版社,2023.9 (2025.1重印)
高职高专机电系列教材
ISBN 978-7-302-64569-6

Ⅰ. ①U… Ⅱ. ①刘… Ⅲ. ①工业产品—产品设计—计算机辅助设计—应用软件—高等职业教育—教材 Ⅳ. ①TB472-39

中国国家版本馆 CIP 数据核字(2023)第 169271 号

责任编辑: 陈冬梅 杨作梅
装帧设计: 李　坤
责任校对: 徐彩虹
责任印制: 丛怀宇

出版发行: 清华大学出版社
　　　网　　址: https://www.tup.com.cn, https://www.wqxuetang.com
　　　地　　址: 北京清华大学学研大厦 A 座　　邮　编: 100084
　　　社 总 机: 010-83470000　　邮　购: 010-62786544
　　　投稿与读者服务: 010-62776969, c-service@tup.tsinghua.edu.cn
　　　质量反馈: 010-62772015, zhiliang@tup.tsinghua.edu.cn
　　　课件下载: https://www.tup.com.cn, 010-62791865
印 装 者: 大厂回族自治县彩虹印刷有限公司
经　　销: 全国新华书店
开　　本: 185mm×260mm　　印　张: 13.5　　字　数: 325 千字
版　　次: 2023 年 9 月第 1 版　　印　次: 2025 年 1 月第 2 次印刷
印　　数: 1201～2700
定　　价: 42.00 元

产品编号: 094400-01

前　言

UG NX 软件作为知名的计算机辅助设计与制造软件，在我国拥有众多的用户，该软件广泛应用在机械、航空航天等众多领域，在 CAD/CAM 软件中占有重要的地位，是技术最成熟的软件之一。作为装备制造业的从业者，掌握该软件的应用是必备的技能之一。本书以装备制造业高等职业院校人才培养"2211 模式"作为理论基础，全面落实"2211 模式"的要求，既注重理论讲解，又注重实际应用；既介绍基本功能，又引导学生进行自我提高，着重培养学生的自主学习能力。

本书内容丰富，系统性强，书中所用案例采用国家制造工程师考核标准、实践企业零件生产标准制作。本书由学校教师和企业高级工程师编写，作者多年从事机械类专业课程及 CAD/CAM 软件的教学工作，或常年在企业从事 CAD/CAM 软件的应用工作，具有丰富的教学和应用经验，因此本书更好地做到了理论与实践相结合，软件应用与工程设计相结合，真正体现了基础知识和实践技能"两条主线"的系统培养。

根据软件学习的特点，全书采用项目式教学，每个项目均采用任务引入、任务分析、任务实施、学习小结、思考与练习、线上视频自主学习、线下教师讲解的学习模式，使学生学得更轻松、掌握得更牢固。

本书以 UG NX 12.0 简体中文版软件为基础，以实例为线索，由浅入深，循序渐进，合理安排内容。全书共有六个项目，各个项目的内容如下。

项目一　草图绘制。讲解 UG NX 12.0 软件的安装、软件工作界面、软件环境设置、软件基本操作方法以及草图的绘制与约束等。

项目二　实体建模设计。讲解建模基础中的拉伸、旋转、孔、实体阵列、基准平面、圆柱、筋板、槽、螺纹、抽壳、倒圆角、球、扫掠、长方体、扫掠中的管以及基本特征创建及编辑中的拔模、螺纹线、镜像特征等。

项目三　曲面设计。讲解曲线构建中的曲线命令的使用方法、曲线分析应用、曲面创建方法以及曲面编辑等。

项目四　装配设计。讲解装配约束中的产品装配的操作界面，装配约束的调协方法，通过案例操作，展现出装配设计的自底而上、自顶而下的装配方法以及不同装配思路，并完成装配爆炸图的创建方法等。

项目五　工程图设计。讲解工程图管理中的图形转换方法、视图类型、工程图编辑操作方法以及工程图的尺寸标注、文字编辑、表格创建等。

项目六　数控加工。讲解 UG NX 12.0 自动编程，通过案例讲解平面铣削、型腔铣削等功能，并在案例中详细地讲解各个加工指令的应用范围(粗、精加工)。

本书结构严谨、内容丰富、条理清晰、易学易用，注重实用性和技巧性，是一本较好的入门学习教程。本书可供高等职业院校学生和广大初中级用户及设计人员使用，也适合作为各职业院校培训机构、大中专院校相关专业 CAD 课程的参考书。

本书由黑龙江农业工程职业学院刘佳坤担任主编，负责全书的统稿。参加编写工作的有哈尔滨职业技术学院杨海峰(任务 6.3 中的 6.3.1、6.3.2、6.3.3)、包头职业技术学院王利全(项目三)、黑龙江农业工程职业学院刘佳坤(项目一、项目二)、王立波(任务 6.3 中的 6.3.4、6.3.5)、段性军(任务 6.1)、高军伟(任务 5.3 和任务 5.4)、张光普(任务 4.3)、齐宇翔(任务 4.2)、彭金辉(任务 4.1)、于南楠(任务 6.2),以及中国航发哈尔滨东安发动机有限公司路晨(任务 5.1 和任务 5.2)。本书思想政治目标由黑龙江农业工程职业学院田海泉老师制定。本书由黑龙江农业工程职业学院王新年教授担任主审。

在编写本书过程中,作者力求叙述准确、完善,但由于时间仓促,编者水平有限,书中难免存在疏漏和不妥,恳请同行和读者给予批评指正。

编 者

目　　录

项目一　草图绘制 1

任务 1.1　UG NX 12.0 基础知识 2
教学内容 1.1.1：草绘设计 2
教学内容 1.1.2：草图的基本操作 7

任务 1.2　草图绘制与约束 10
教学内容 1.2.1：草图编辑及尺寸约束 10
教学内容 1.2.2：草图编辑及几何约束 17

项目二　实体建模设计 23

任务 2.1　建模基础 24
教学内容 2.1.1：设计特征中的拉伸、旋转命令 24
教学内容 2.1.2：设计特征中的孔命令 29
教学内容 2.1.3：设计特征中的实体阵列命令 32
教学内容 2.1.4：设计特征中的基准平面、圆柱、筋板命令 35
教学内容 2.1.5：设计特征中的槽、螺纹命令 37
教学内容 2.1.6：设计特征中的抽壳、倒圆角命令 41
教学内容 2.1.7：设计特征中的球、扫掠命令 44
教学内容 2.1.8：设计特征中的长方体，扫掠中的管命令 49

任务 2.2　基本特征的创建及编辑 53
教学内容 2.2.1：细节特征中的拔模、螺纹线命令 53
教学内容 2.2.2：关联复制中的镜像特征命令 57

项目三　曲面设计 60

任务 3.1　构建曲线 61
教学内容 3.1.1：曲线中的直线、圆弧/圆空间曲线命令 61
教学内容 3.1.2：曲线中的规律曲线(公式曲线)的构建 66

任务 3.2　创建曲面 68
教学内容 3.2.1：曲面中的通过曲线组命令 68
教学内容 3.2.2：曲面中的通过曲线网格命令 70
教学内容 3.2.3：曲面扫掠命令 73

任务 3.3　编辑曲面 76
教学内容 3.3.1：曲面操作 76
教学内容 3.3.2：曲面设计实例 78

项目四 装配设计 88

任务 4.1 装配基础 89
教学内容 4.1.1：装配功能中的添加和新建装配部件命令 89
教学内容 4.1.2：装配特征中的移动和阵列命令 96

任务 4.2 阀体装配设计 99
教学内容：装配特征命令的综合使用 99

任务 4.3 装配爆炸图的创建 103
教学内容：装配爆炸图的创建及装配特征综合案例 103

项目五 工程图设计 108

任务 5.1 工程图管理 109
教学内容：制图特征中的图纸建立命令 109

任务 5.2 创建视图 114
教学内容：制图模块的基本视图和剖视图命令 114

任务 5.3 编辑工程图 117
教学内容：三维图转换 DWG 模式的二维图尺寸标注 117

任务 5.4 工程图标注及实例 124
教学内容：图纸标注命令 124

项目六 数控加工 127

任务 6.1 平面铣加工技术 128
教学内容 6.1.1：底壁铣底面加工及参数设定 128
教学内容 6.1.2：底壁铣侧壁加工 133
教学内容 6.1.3：侧壁精加工 138
教学内容 6.1.4：底面精加工 145
教学内容 6.1.5：底壁铣型腔加工 152

任务 6.2 钻孔加工技术 158
教学内容 6.2.1：钻中心孔加工 158
教学内容 6.2.2：深孔钻、埋孔钻加工 164

任务 6.3 型腔铣加工技术 172
教学内容 6.3.1：型腔铣加工 172
教学内容 6.3.2：实体轮廓 3D 加工 179
教学内容 6.3.3：区域轮廓铣加工 186
教学内容 6.3.4：固定轮廓铣加工 193
教学内容 6.3.5：固定轮廓铣雕刻加工 200

项目一
草图绘制

目标要求

1. 知识目标

(1) 熟悉 UG 软件的工作界面
(2) 掌握 UG 软件的基本操作方法
(3) 掌握草图平面的创建和草图环境的设置
(4) 掌握草图的基本绘制和约束的设置方法

2. 能力目标

(1) 能熟练操作软件并详细观察各个指令
(2) 能进入草图环境并能对环境进行设置
(3) 能利用约束绘制草图
(4) 能通过查阅资料或讨论交流的方式获取所需知识
(5) 具备良好的语言表达能力和团队合作意识

3. 素质目标

(1) 培养学生良好的职业道德
(2) 养成良好的团队协作的工作习惯
(3) 具备良好的服务意识
(4) 培养学生积极向上、健康阳光的心态

4. 思想政治目标

以立德树人为根本任务，通过历史事件、时事新闻和企业案例，将每一个抽象的维度，通过具体案例呈现出来，化无形的精神教育为有形的看得见、听得懂的有温度的真实案例故事，将其与学习任务有机融合，化无力的说教于典型的案例中，培养学生爱国主义精神、工匠精神、奉献精神。

教学重点、难点

1. 教学重点

(1) 软件环境设置
(2) 软件基本操作方法

2. 教学难点

(1) 绘制草图思路清晰并能快速绘制
(2) 独立完成草图绘制并总结

任务 1.1　UG NX 12.0 基础知识

教学内容 1.1.1：草绘设计

教学目标

知识目标：熟悉 UG 软件的工作界面
技能目标：能进入草图环境并能对环境进行设置
素质目标：养成良好的团队协作的工作习惯
思想政治目标：爱国主义教育

教学重点、难点

教学重点：草图平面的创建和草图环境的设置
教学难点：草图环境的设置

任务描述

了解软件的工作界面，能进行草图平面的创建和草图环境的设置，能绘制基本几何元素，达到本任务的学习目标。

任务知识

1. 草图建立

操作步骤 1. 单击"新建"按钮，在打开的对话框中切换到" 模型"选项卡，单击"确定"按钮进入建模界面，如图 1.1.1-1 所示。

图 1.1.1-1　新建模型

操作步骤 2. 建模界面如图 1.1.1-2 所示。

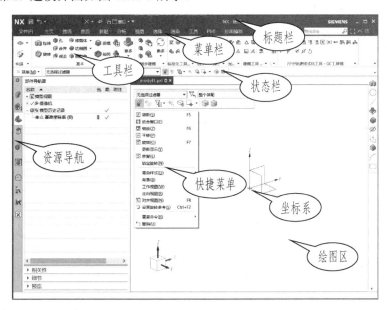

图 1.1.1-2　建模界面

操作步骤3. 单击"草图"按钮，选择"XY 平面"，单击"确定"按钮，建立草图，如图 1.1.1-3 所示。

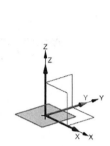

图 1.1.1-3　建立草图

2. 捕捉点

使用"捕捉点"功能可以捕捉或跟踪图素中的各种类型点，从而快速绘图。灵活运用捕捉点可以提高绘图的精确度及绘图速度。捕捉点的使用方法非常简单，只要在绘图过程中将光标移到图素上就会出现某种捕捉点符号。进入二维草图模块的"捕捉点"工具条，如图 1.1.1-4 所示。

图 1.1.1-4　"捕捉点"工具条

3. 草图环境预设置

为了更准确有效地创建草图，需要对草图文本高度、原点、尺寸和默认前缀等基本参数进行编辑设置。

选择"首选项"→"草图"命令，弹出"草图首选项"对话框，该对话框包括"草图设置""会话设置"和"部件设置"3 个选项卡，分别如图 1.1.1-5、图 1.1.1-6 和图 1.1.1-7

所示。

图1.1.1-5 草图设置

图1.1.1-6 会话设置

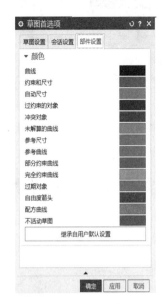
图1.1.1-7 部件设置

4. 基本几何图素

基本几何图素包括轮廓线、直线、弧、圆、矩形、椭圆和曲线等。通过学习基本几何图素的绘制方法和技巧，并加以灵活运用，就能够绘制出各种各样的二维几何图形。图1.1.1-8所示为"曲线"工具条。

图1.1.1-8 "曲线"工具条

5. 基本几何体

基本几何体包括直线、圆弧和圆。这些几何体都具有比较简单的形状，通常利用几个简单的参数便可以创建。下面分别来介绍。

直线参数设置如图1.1.1-9所示。

圆弧参数设置如图1.1.1-10所示。

圆参数设置如图1.1.1-11所示。

圆角参数设置如图1.1.1-12所示。

倒斜角参数设置如图1.1.1-13所示。

偏置曲线参数设置如图1.1.1-14所示。

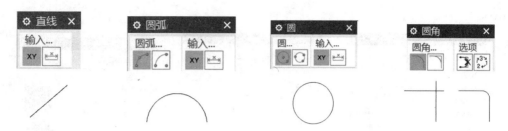

图 1.1.1-9 设置"直线"参数　　图 1.1.1-10 设置"圆弧"参数　　图 1.1.1-11 设置"圆"参数　　图 1.1.1-12 设置"圆角"参数

图 1.1.1-13 设置"倒斜角"参数

图 1.1.1-14 设置"偏置曲线"参数

6. 编辑几何图素

(1) 快速修剪

该选项用于修剪草图对象中由交点确定的最小单位的曲线。可以通过单击鼠标左键并进行拖动来修剪多条曲线，也可以通过将鼠标指针移到要修剪的曲线上来选择将要修剪的曲线部分。

单击"草图曲线"工具栏中的"快速修剪"按钮，弹出"修剪"对话框，如图 1.1.1-15 所示。

(2) 制作拐角

该选项是指通过将两条输入曲线延伸或修剪到一个交点处来制作拐角。

单击"草图曲线"工具栏中的"制作拐角"按钮，弹出"拐角"对话框，如图 1.1.1-16 所示。按照对话框提示选择两条曲线制作拐角。

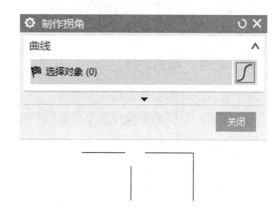

图 1.1.1-15　"修剪"对话框与修剪示例　　　图 1.1.1-16　"拐角"对话框与拐角示例

(3) 快速延伸

使用该选项可以将曲线延伸到与另一条曲线的实际交点或虚拟交点处。要延伸多条曲线，只需将光标拖到目标曲线上。

单击"草图曲线"工具栏中的"快速延伸"按钮，弹出"延伸"对话框，如图 1.1.1-17 所示。

草图设计

图 1.1.1-17　"延伸"对话框与延伸示例

教学内容 1.1.2：草图的基本操作

教学目标

知识目标：学会使用草图的基本操作指令完成草图绘制

技能目标：掌握草图基本操作功能完成各个指令参数的设定

素质目标：培养学生良好的职业道德
思想政治目标：职业精神教育

教学重点、难点

教学重点：草图的基本操作步骤
教学难点：草图基本操作各个参数的设定

任务描述

利用新学习的草图基本操作，绘制草图，达到本任务的学习目标。

任务知识

例1：绘制如图1.1.2-1所示草图(单位：mm)。已知：A=103.00，B=83.00，C=49.00，D=41.00。

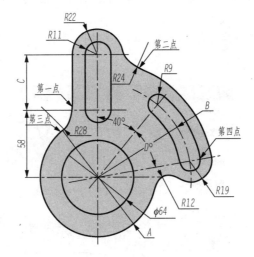

图 1.1.2-1　草图绘制

操作步骤1. 选择"草图"命令，创建草图，如图1.1.2-2所示，拾取 XY 平面，如图1.1.2-3所示。

图 1.1.2-2　创建草图

图 1.1.2-3　拾取 XY 平面

操作步骤 2. 选择 "○圆"命令,以坐标原点 X=0,Y=0 为圆心,绘制 1 组同心圆,直径分别是 $\phi 64$、$\phi 103$、$\phi 166$,如图 1.1.2-4 所示。

操作步骤 3. 选择 "╱直线"命令,从坐标原点 X=0,Y=0 开始绘制角度线,角度分别是 9°、50°,如图 1.1.2-5 所示。

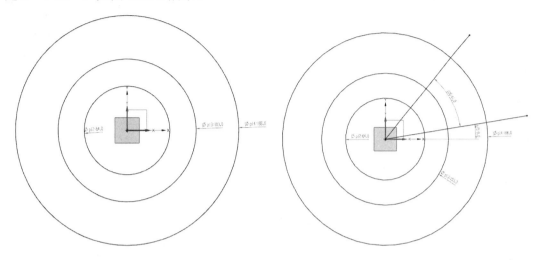

图 1.1.2-4 绘制同心圆　　　　　　　　图 1.1.2-5 绘制角度线

操作步骤 4. 选择 "╱直线"命令,在原点位置绘制十字线,并绘制两条与 Y 轴垂直的直线,距离分别为 58mm、49mm,如图 1.1.2-6 所示。

操作步骤 5. 选择 "○圆"命令,在图 1.1.2-6 所示的 1、2、3、4 交点位置,绘制圆,交点 1 处绘制直径分别是 $\phi 22$、$\phi 44$ 的同心圆,交点 2 处绘制直径为 $\phi 22$ 的圆,交点 3 处绘制直径为 $\phi 18$ 的圆,交点 4 处绘制直径分别为 $\phi 18$、$\phi 38$ 的同心圆,如图 1.1.2-7 所示。

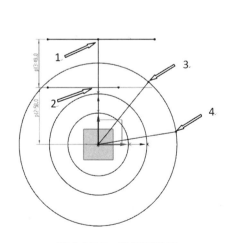 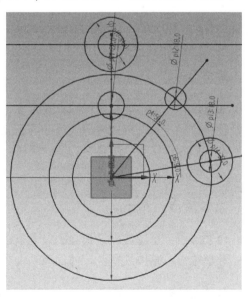

图 1.1.2-6 绘制平行线　　　　　　　　图 1.1.2-7 绘制圆

操作步骤 6. 选择"○圆""╱直线"命令，把所需要的线连接起来，并使用"✕修剪"命令，修剪多余的线，如图 1.1.2-8 所示。

操作步骤 7. 选择"⌒圆角"命令进行倒圆角，倒圆角分别为 $R12$、$R24$、$R28$，如图 1.1.2-9 所示。

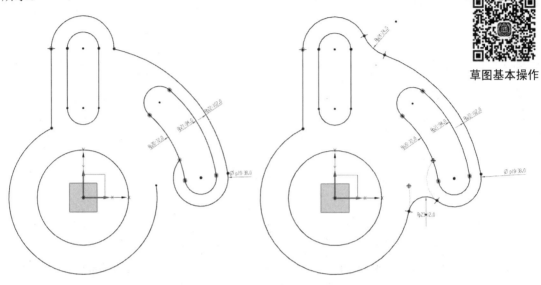

图 1.1.2-8　草图绘制　　　　　图 1.1.2-9　倒圆角

草图基本操作

操作步骤 8. 完成草图绘制。

任务 1.2　草图绘制与约束

教学内容 1.2.1：草图编辑及尺寸约束

教学目标

知识目标：学会使用草图编辑及尺寸约束功能完成草图绘制
技能目标：掌握草图编辑及尺寸约束相关参数的设定
素质目标：培养学生良好的职业道德
思想政治目标：工匠精神教育

教学重点、难点

教学重点：草图编辑及尺寸约束功能的正确使用
教学难点：草图编辑及尺寸约束功能的参数设定

任务描述

利用所学的草图绘制知识，完成基本草图的编辑，利用新学习的尺寸约束，控制基本元素尺寸完成草图绘制，达到本任务的学习目标。

任务知识

例 2：绘制如图 1.2.1-1 所示草图(单位：mm)。已知：A=59，B=47，C=65，D=41。

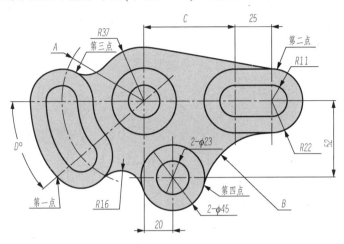

图 1.2.1-1　草图绘制

操作步骤 1. 选择"草图"命令，创建草图，如图 1.2.1-2 所示。选取 XY 平面，如图 1.2.1-3 所示。

图 1.2.1-2　创建草图

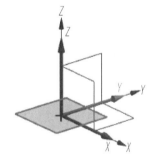

图 1.2.1-3　选取 XY 平面

操作步骤 2. 选择"圆"命令，以坐标原点 X=0，Y=0 为圆心及任意位置绘制两组同心圆，直径分别是ϕ23、ϕ45，如图 1.2.1-4 所示。

操作步骤 3. 选择"快速尺寸"标注进行约束，横向尺寸为 20mm，纵向尺寸为 52mm，如图 1.2.1-5 所示。

操作步骤 4. 选择"直线"命令，在原点位置绘制十字线，在任意位置绘制两条与 X 轴垂直的直线，如图 1.2.1-6 所示。

操作步骤 5. 选择"快速尺寸"标注进行约束，1、2 直线距离为 65mm，2、3 直线距离为 25mm，如图 1.2.1-7 所示。

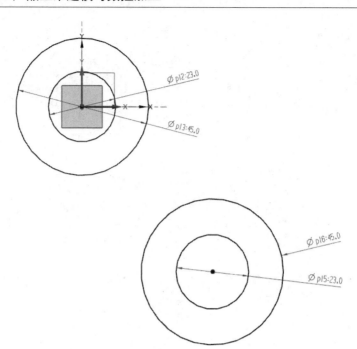

图 1.2.1-4　绘制两组同心圆

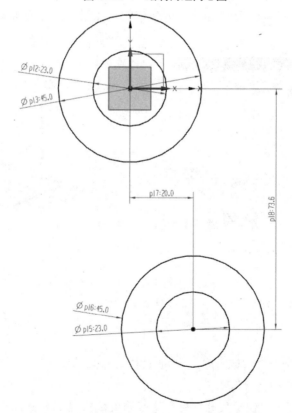

图 1.2.1-5　快速尺寸标注

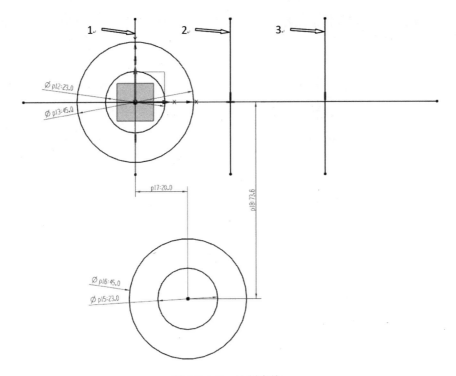

图 1.2.1-6　绘制直线

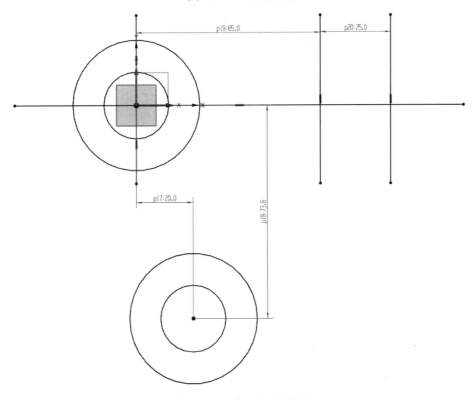

图 1.2.1-7　约束直线距离

操作步骤6. 选择"↑拾取交点""○圆""╱直线"命令，完成长方形区域图形绘制，如图1.2.1-8所示。

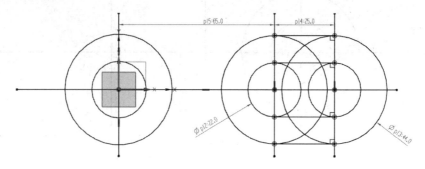

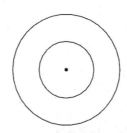

图1.2.1-8 拾取交点

操作步骤7. 选择"✕修剪"命令，修剪多余的线，如图1.2.1-9所示。

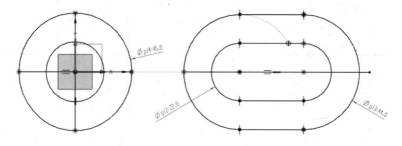

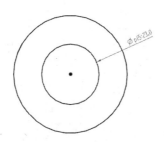

图1.2.1-9 修剪多余的线

操作步骤 8. 选择 "⊙圆心点拾取" "○圆" "╱直线" 命令，任意绘制一条角度线，如图 1.2.1-10 所示。

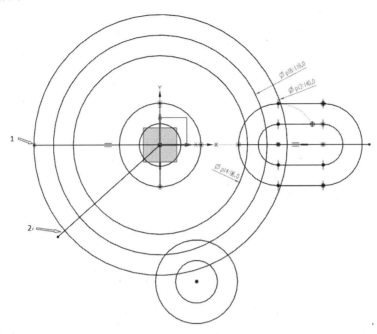

图 1.2.1-10 绘制角度线

操作步骤 9. 选择 "⚡快速尺寸" 标注进行角度约束，直线 1、2 角度为 41°，如图 1.2.1-11 所示。

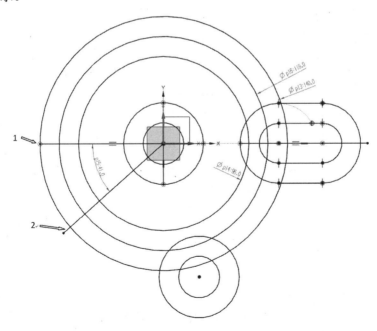

图 1.2.1-11 约束直线角度

操作步骤 10. 选择 "⊙圆心点拾取" "○圆" "⌒圆弧" 命令完成圆弧槽型的绘制，如图 1.2.1-12 所示。

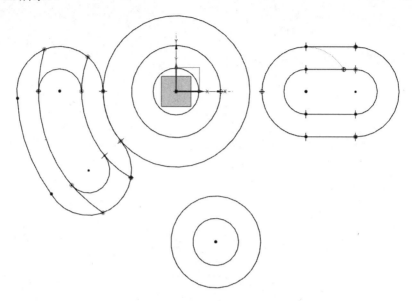

图 1.2.1-12　绘制圆弧槽型

操作步骤 11. 选择 "⌒圆角" "╱直线" 命令，完成 2 处 *R*16、1 处 *R*47 和斜线的过渡，如图 1.2.1-13 所示。

操作步骤 12. 选择 "✕修剪" 命令，修剪多余的线，如图 1.2.1-14 所示。

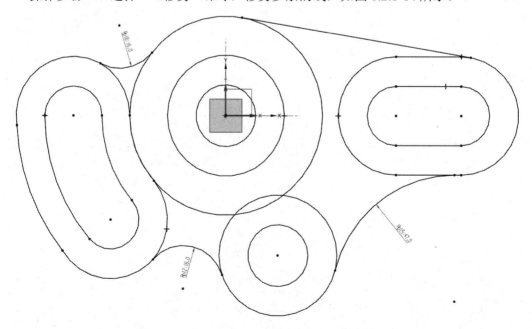

图 1.2.1-13　绘制圆角、直线过渡

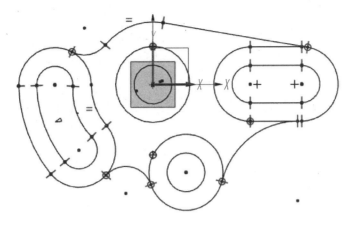

草图编辑及
尺寸约束

图 1.2.1-14 修剪多余的线

操作步骤 13. 选择"   完成"命令，完成草图绘制。

教学内容 1.2.2：草图编辑及几何约束

教学目标

知识目标：学会使用草图编辑及几何约束功能完成草图绘制
技能目标：掌握草图编辑及几何约束功能相关参数的设定
素质目标：培养学生良好的职业道德
思想政治目标：劳模精神教育

教学重点、难点

教学重点：草图编辑及几何约束功能的正确使用
教学难点：草图编辑及几何约束功能的参数设定

任务描述

利用所学的草图绘制知识，完成基本草图的编辑，利用新学的几何约束，控制草图基本元素的几何关系完成草图的绘制，达到本任务的学习目标。

任务知识

例 3：绘制如图 1.2.2-1 所示草图(单位：mm)。已知：$A=100$，$B=35$，$C=27$，$D=26$。
操作步骤 1. 选择"   草图"命令，创建草图，如图 1.2.2-2 所示。选取 XY 平面，如图 1.2.2-3 所示。

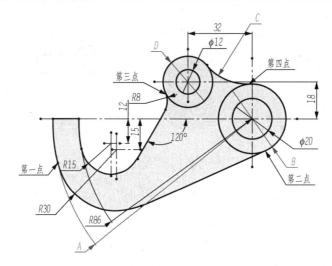

图 1.2.2-1　草图绘制

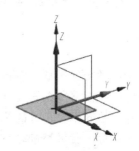

图 1.2.2-2　创建草图　　　　图 1.2.2-3　选取 XY 平面

操作步骤 2. 进入草图选择"○圆"命令，以坐标原点 X=0，Y=0 为圆心绘制 $\phi 20$、$\phi 35$ 同心圆，在任意位置绘制 $\phi 12$、$\phi 26$ 同心圆，如图 1.2.2-4 所示。

操作步骤 3. 选择"快速尺寸"标注进行约束，横向尺寸为 32mm，纵向尺寸为 18mm，如图 1.2.2-5 所示。

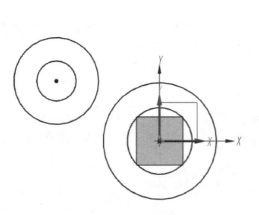　　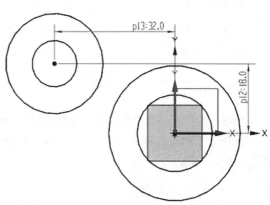

图 1.2.2-4　绘制同心圆　　　　图 1.2.2-5　约束同心圆位置

操作步骤 4. 选择 "／直线"命令，在原点位置绘制十字线，选择 "偏置"命令，在 12mm、15mm 位置生成两条直线，如图 1.2.2-6 所示。

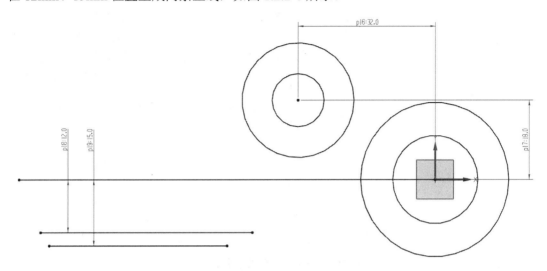

图 1.2.2-6　偏置直线

操作步骤 5. 选择 "⊙圆心点拾取""○圆"命令，以原点为圆心绘制 ϕ200、ϕ172 同心圆，如图 1.2.2-7 所示。

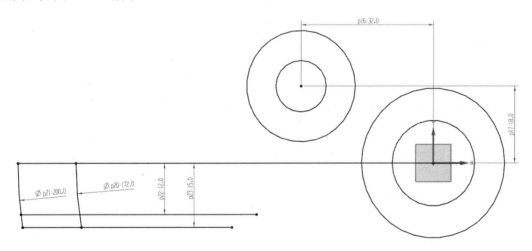

图 1.2.2-7　绘制同心圆

操作步骤 6. 选择 "／拾取曲线上的点""○圆"命令，在偏置 12mm 的直线上绘制 ϕ30 的圆、在偏置 15mm 的直线上绘制 ϕ60 的圆，如图 1.2.2-8 所示。

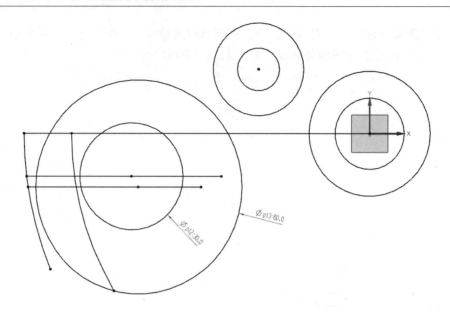

图 1.2.2-8　在直线上绘制圆

操作步骤 7. 选择"几何约束"→"直线与圆相切"命令，按图纸做出 $\phi200$ 圆弧与 $\phi60$ 圆弧相切，$\phi172$ 圆弧与 $\phi30$ 圆弧相切，如图 1.2.2-9 所示。

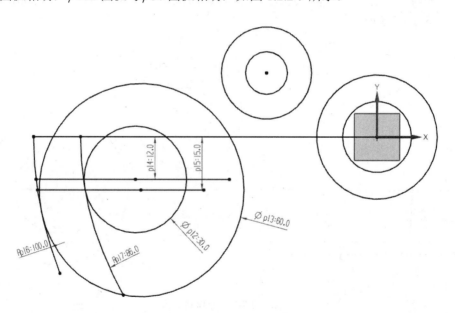

图 1.2.2-9　几何约束直线与圆相切

操作步骤 8. 选择"直线""拾取曲线上的点"命令，做圆弧切点相连；选择"修剪"命令，修剪多余的线，如图 1.2.2-10 所示。

操作步骤 9. 选择"快速尺寸"标注进行角度约束，直线 1 与 X 轴角度为 120°，如图 1.2.2-11 所示。

操作步骤 10. 选择"圆角"命令完成 $R8$、$R27$ 圆弧过渡，如图 1.2.2-12 所示。

操作步骤11. 选择"▶ 完成"命令,完成草图绘制。

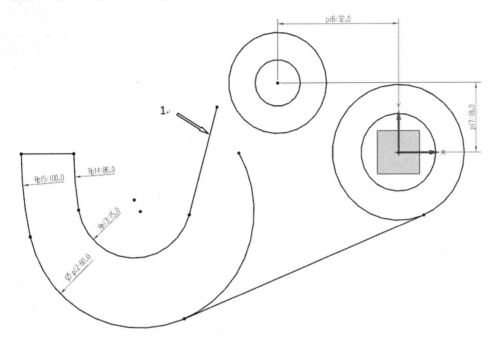

图 1.2.2-10　绘制相切直线

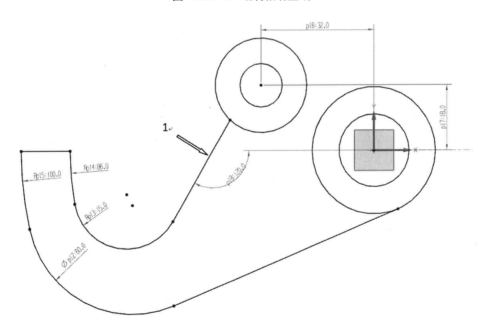

图 1.2.2-11　快速尺寸进行角度约束

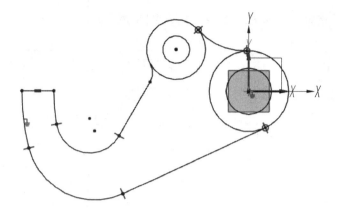

图 1.2.2-12 圆弧过渡

项目二 实体建模设计

目标要求

1. 知识目标

(1) 熟练掌握各种建模常用命令
(2) 有清晰的建模思路并能快速建模
(3) 能独立完成零件设计项目并总结

2. 能力目标

(1) 能正确利用建模命令创建实体
(2) 能合理选用编辑实体方式
(3) 能根据工程图快速建模
(4) 能通过查阅资料或讨论交流的方式获取所需信息
(5) 具有安全责任意识、良好的语言表达能力和团队合作精神

3. 素质目标

(1) 培养学生良好的职业道德
(2) 养成良好的团队协作的工作习惯
(3) 具备良好的服务意识
(4) 培养学生积极向上、健康阳光的心态

4. 思想政治目标

培养学生爱党、爱国、爱社会主义的情怀，培养学生马克思主义的思想方法，引导学生树立全心全意为人民服务的远大理想，坚定社会主义信念，把爱国热情引导和凝聚到建设有中国特色社会主义伟大事业上来，引导和凝聚到在自己平凡的工作岗位上兢兢业业努力工作，为祖国的统一和富强作贡献上来。

教学重点、难点

1. 教学重点

(1) 建模常用命令
(2) 命令快捷键的使用

2. 教学难点

(1) 建模思路清晰并能快速建模
(2) 独立完成零件设计项目并总结

任务 2.1　建模基础

教学内容 2.1.1：设计特征中的拉伸、旋转命令

教学目标

知识目标：学会使用设计特征中的旋转、拉伸功能完成实体建模
技能目标：掌握设计特征中的旋转、拉伸命令的参数设置
素质目标：培养学生良好的职业道德
思想政治目标：党史、共和国史教育

教学重点、难点

教学重点：设计特征中的旋转、拉伸命令的正确使用
教学难点：设计特征中的旋转、拉伸命令参数的设定

任务描述

利用所学的草图绘制知识，完成外轮廓、侧孔、底面半圆的绘制，利用新学的设计特征中的旋转、拉伸完成实体建模，达到本任务的学习目标。

任务知识

例 1：根据图 2.1.1-1 所示的题目设计要求和设计意图完成建模(单位：mm)。已知：A=76，B=76，C=38，D=12.5。

操作步骤 1. 完成草图 1 的绘制，如图 2.1.1-2 所示。

操作步骤 2. 利用草图 1 生成实体，如图 2.1.1-3 所示。

绘制方法：通过绕轴旋转轴面来实现特征，选择"插入"→"设计特征"→"旋转"命令，如图 2.1.1-4 所示。

项目二　实体建模设计

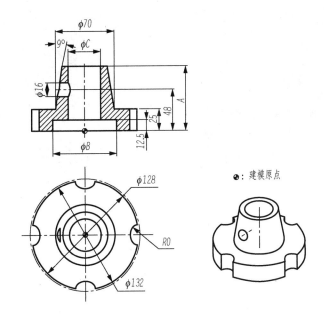

图 2.1.1-1　零件

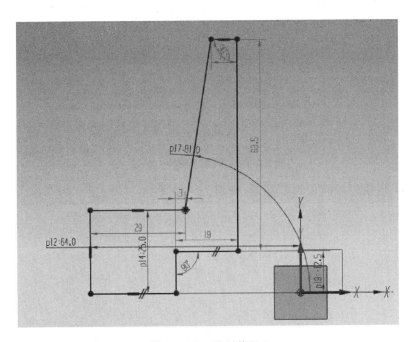

图 2.1.1-2　绘制草图 1

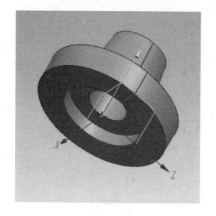
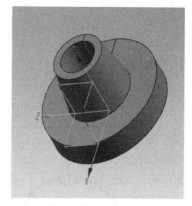

图 2.1.1-3 草图 1 生成实体

图 2.1.1-4 设置"旋转"参数

操作步骤 3. 绘制成侧孔的草图 2，如图 2.1.1-5 所示。

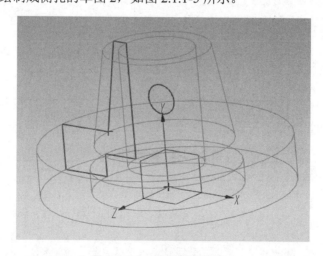

图 2.1.1-5 绘制侧孔草图 2

绘制方法：选择"绘制草图"命令，选择草图绘制面，完成草图2的绘制。

操作步骤4. 用草图2生成实体侧孔，如图2.1.1-6所示。

图 2.1.1-6　草图 2 生成实体侧孔

绘制方法：沿矢量拉伸一个截面以便创建特征，选择"插入"→"设计特征"→"拉伸"命令，进入"拉伸"对话框，设置拉伸参数。如图2.1.1-7所示。

图 2.1.1-7　设置"拉伸"参数

操作步骤5. 完成底面的半圆草图3的绘制，如图2.1.1-8所示。

绘制方法：选择"绘制草图"命令，选择草图绘制面，完成草图3的绘制。

操作步骤6. 利用草图3生成底面实体特征，如图2.1.1-9所示。

绘制方法：沿矢量拉伸一个截面以便创建特征，选择"插入"→"设计特征"→"拉伸"命令，进入"拉伸"对话框，设置拉伸参数。如图2.1.1-10所示。

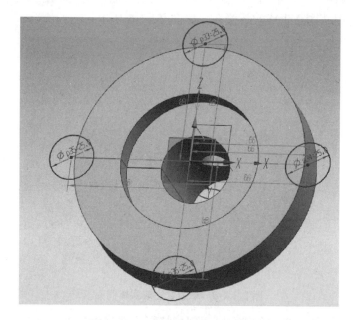

图 2.1.1-8　绘制底面的半圆草图 3

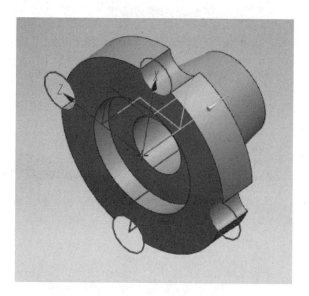

图 2.1.1-9　草图 3 生成底面实体特征

项目二 实体建模设计

图 2.1.1-10 设置"拉伸"参数

例 2：建模完成，如图 2.1.1-11 所示。

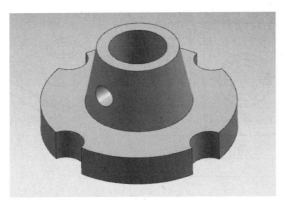

拉伸、旋转

图 2.1.1-11 例 2 建模完成

教学内容 2.1.2：设计特征中的孔命令

教学目标

知识目标：学会使用设计特征中的常规孔、沉头孔功能完成实体建模
技能目标：掌握设计特征中的常规孔、沉头孔命令的参数设置
素质目标：培养学生良好的职业道德
思想政治目标：社会主义发展史教育

教学重点、难点

教学重点：设计特征中的常规孔、沉头孔命令的正确使用

教学难点：设计特征中的常规孔、沉头孔命令参数的设定

任务描述

利用所学的草图绘制知识，完成外轮廓、侧孔、底面及底面孔建模，利用新学的设计特征中的常规孔、沉头孔完成实体建模，达到本任务的学习目标。

任务知识

例3：根据图2.1.2-1所示的题目设计要求和设计意图完成建模(单位：mm)。

已知：A=78，B=74，C=40，D=18。

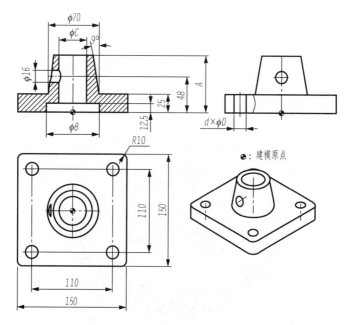

图 2.1.2-1 零件

操作步骤1. 完成实体的绘制，如图2.1.2-2所示。

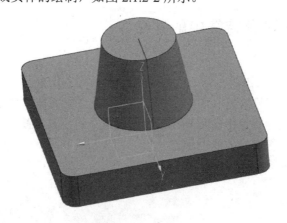

图 2.1.2-2 绘制实体

操作步骤 2. 找到底面 4 个直径为 18mm 的孔位，绘制正方形，边长为 110mm，如图 2.1.2-3 所示。

绘制方法：底面建立草图。

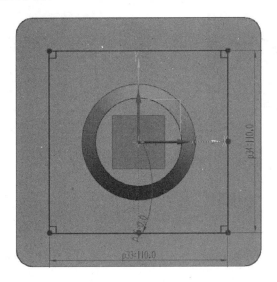

图 2.1.2-3　底孔位置

操作步骤 3. 利用底孔位置完成孔的建模，如图 2.1.2-4 所示。

绘制方法：选择"设计特征"→"孔"命令，参数设置如图 2.1.2-5 所示。

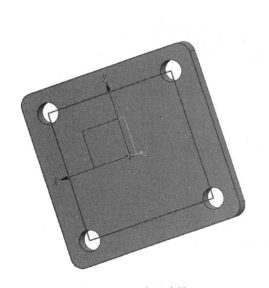

图 2.1.2-4　底孔建模　　　　　　　　图 2.1.2-5　设置"孔"参数

操作步骤 4. 零件内孔用沉头孔方式建模，如图 2.1.2-6 所示。

绘制方法：选择"设计特征"→"孔"命令，如图 2.1.2-7 所示。

例4：建模完成，如图 2.1.2-8 所示。

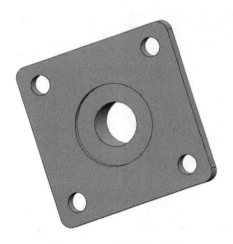

图 2.1.2-6 零件内孔建模

图 2.1.2-7 设置"沉头孔"参数

图 2.1.2-8 例 4 建模完成

教学内容 2.1.3：设计特征中的实体阵列命令

教学目标

知识目标：学会使用设计特征中的实体阵列功能完成实体建模
技能目标：掌握设计特征中的实体阵列命令的参数设置
素质目标：培养学生良好的职业道德
思想政治目标：改革开放史教育

教学重点、难点

教学重点：设计特征中的实体阵列命令的正确使用

教学难点：设计特征中的实体阵列命令参数的设定

任务描述

利用所学的草图绘制知识，完成底板和底板上的孔、立板和立板上的孔建模，利用新学的设计特征中的实体阵列完成实体建模，达到本任务的学习目标。

任务知识

例5：根据图2.1.3-1所示的题目设计要求和设计意图完成建模(单位：mm)。已知：A=73，B=85，C=41，D=11。

操作步骤1. 完成实体绘制，如图2.1.3-2所示。

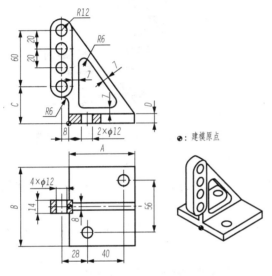

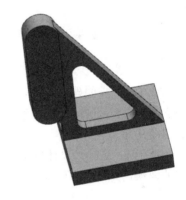

图 2.1.3-1　零件　　　　　　　　　图 2.1.3-2　绘制实体

操作步骤2. 找到底面直径为12mm的孔1的位置，绘制孔1，如图2.1.3-3所示。
绘制方法：底面建立草图，找到孔位置完成孔1的建模。
操作步骤3. 选择"设计特征"→"阵列特征"命令，完成底面孔2的建模，如图2.1.3-4所示。

图 2.1.3-3　底面孔1的建模　　　　　图 2.1.3-4　底面孔2的建模

绘制方法：选择"设计特征"→"阵列特征"命令，设置"圆形阵列"参数，完成孔 2 的建模，如图 2.1.3-5 所示。

操作步骤 4. 立板孔 3 用常规孔方式建模，如图 2.1.3-6 所示。

选择孔1特征

选择孔阵列方式

圆形阵列的矢量和指定点

输入孔的数量和节距角

确定，完成孔2的建模

图 2.1.3-5　设置"圆形阵列孔"参数　　　　图 2.1.3-6　立板孔 3 的建模

绘制方法：立面建立草图，找到孔位置完成孔 3 的建模。

操作步骤 5. 选择"设计特征"→"阵列特征"命令，完成立板孔 4、5、6 的建模，如图 2.1.3-7 所示。

绘制方法：选择"设计特征"→"阵列特征"命令，设置"线性阵列"参数，完成孔 4、5、6 的建模，如图 2.1.3-8 所示。

选择孔3特征

选择线性阵列特征

选择线性阵列方向

输入孔的数量和节距

确定，完成孔的建模

图 2.1.3-7　立板孔 4、5、6 的建模　　　　图 2.1.3-8　设置"线性阵列"参数

例6：建模完成，如图2.1.3-9所示。

实体阵列

图 2.1.3-9 例6建模完成

教学内容2.1.4：设计特征中的基准平面、圆柱、筋板命令

教学目标

知识目标：学会使用设计特征中的基准平面、圆柱、筋板功能完成实体建模
技能目标：掌握设计特征中的基准平面、圆柱、筋板命令的参数设置
素质目标：培养学生良好的职业道德
思想政治目标：爱岗敬业精神教育

教学重点、难点

教学重点：设计特征中的基准平面、圆柱、筋板命令的正确使用
教学难点：设计特征中的圆柱参数、筋板基础线的设定

任务描述

利用所学的草图绘制知识，完成基准平面、圆柱、筋板、连接板和沉头孔的建模，利用新学的设计特征中的圆柱、筋板命令完成实体建模，达到本任务的学习目标。

任务知识

例7：根据图2.1.4-1所示的题目设计要求和设计意图完成建模(单位：mm)。
操作步骤1. 完成圆柱实体的绘制，如图2.1.4-2所示。
绘制方法：选择"设计特征"→"圆柱"命令，如图2.1.4-3所示。
操作步骤2. 建立基准平面，如图2.1.4-4所示。
绘制方法：选择"设计特征"→"基准平面"命令，如图2.1.4-5所示。
操作步骤3. 用"拉伸""沉头孔"命令完成实体绘制，如图2.1.4-6所示。

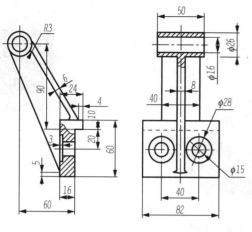

图 2.1.4-1 零件

图 2.1.4-2 绘制圆柱实体

图 2.1.4-3 设置"圆柱"参数

选定圆柱的指定轴和指定点

设定圆柱的高度和直径

确定，完成圆柱建模

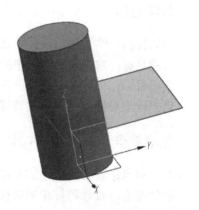

图 2.1.4-4 建立基准平面

图 2.1.4-5 设置"基准平面"参数

选择基准平面与参考平面的位置关系

选择参考平面

输入与参考平面的距离

确定，完成参考平面绘制

图 2.1.4-6 绘制零件实体

绘制方法：在基准平面上作草图，完成实体绘制，如图 2.1.4-7 所示。

操作步骤 4. 选择"设计特征"→"筋板"命令。完成筋板绘制，如图 2.1.4-8 所示。

绘制方法：选择"设计特征"→"筋板"命令，如图 2.1.4-9 所示。

例 8：建模完成，如图 2.1.4-10 所示。

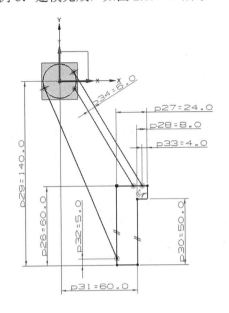

图 2.1.4-7　草图

图 2.1.4-8　绘制筋板

图 2.1.4-9　设置"筋板"参数

基准平面
圆柱　板筋

图 2.1.4-10　例 8 建模完成

教学内容 2.1.5：设计特征中的槽、螺纹命令

教学目标

知识目标：学会使用设计特征中的槽、螺纹功能完成实体建模

技能目标：掌握设计特征中的槽、螺纹功能完成实体建模
素质目标：培养学生良好的职业道德
思想政治目标：企业文化教育

教学重点、难点

教学重点：设计特征中的槽、螺纹命令的正确使用
教学难点：设计特征中的槽、螺纹的参数设定

任务描述

利用所学的草图绘制知识，完成内外轴面、内外槽、外螺纹、轴上键槽的建模，利用新学的设计特征中的槽、螺纹命令完成实体建模，达到本任务的学习目标。

任务知识

例9：根据图2.1.5-1所示的题目设计要求和设计意图完成建模(单位：mm)。已知：A=42，B=26，C=96，D=26。

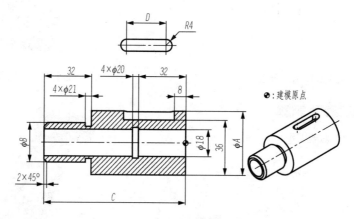

图 2.1.5-1 零件

操作步骤 1. 完成基础实体绘制，如图 2.1.5-2 所示。
绘制方法：选择"设计特征"→"圆柱"命令，再选择"拉伸"命令完成实体建模。
操作步骤 2. 选择"设计特征"→"槽"命令，完成槽的绘制，如图 2.1.5-3 所示。

图 2.1.5-2 基础实体绘制

图 2.1.5-3 绘制槽

绘制方法：

(1) 选择矩形槽，如图 2.1.5-4 所示。

图 2.1.5-4　选择矩形槽

(2) 选择矩形槽所在轴面的位置，如图 2.1.5-5 所示。

图 2.1.5-5　选择矩形槽所在轴面的位置

(3) 输入矩形槽尺寸，如图 2.1.5-6 所示。

图 2.1.5-6　输入矩形槽尺寸

(4) 选择矩形槽的起始位置，如图 2.1.5-7 所示。
(5) 选择刀具边缘位置，如图 2.1.5-8 所示。
(6) 确定矩形槽与刀具边缘的距离为 0，如图 2.1.5-9 所示。
(7) 确定，完成矩形槽的绘制，如图 2.1.5-10 所示。

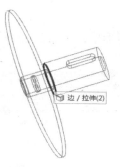

图 2.1.5-7　选择矩形槽的起始位置

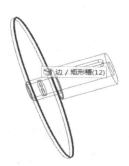

图 2.1.5-8　选择刀具边缘位置

图 2.1.5-9　设置矩形槽与刀具边缘的距离　　图 2.1.5-10　绘制矩形槽

操作步骤 3. 选择"设计特征"→"螺纹"命令，完成螺纹的绘制，如图 2.1.5-11 所示。绘制方法：选择"螺纹"命令，设置螺纹参数，如图 2.1.5-12 所示。

图 2.1.5-11　绘制螺纹　　　　　　　　图 2.1.5-12　设置螺纹参数

例10：建模完成，如图2.1.5-13所示。

槽螺纹

图 2.1.5-13　例 10 建模完成

教学内容 2.1.6：设计特征中的抽壳、倒圆角命令

教学目标

知识目标：学会使用设计特征中的抽壳、倒圆角功能完成实体建模
技能目标：掌握设计特征中的抽壳、倒圆角命令的参数设置
素质目标：培养学生良好的职业道德
思想政治目标：校史文化教育

教学重点、难点

教学重点：设计特征中的抽壳、倒圆角的正确使用
教学难点：设计特征中的抽壳、倒圆角的参数设定

任务描述

利用所学的草图绘制知识，完成器皿轮廓、器皿把手的建模，利用新学的设计特征中的抽壳、倒圆角命令完成实体建模，达到本任务的学习目标。

任务知识

例 11：根据图 2.1.6-1 所示的题目设计要求和设计意图完成建模(单位：mm)。
操作步骤 1. 完成基础实体绘制，如图 2.1.6-2 所示。
绘制方法：建立草图，绘制草图 1，如图 2.1.6-3 所示。选择"设计特征"→"旋转"命令完成实体建模。
操作步骤 2. 选择"设计特征"→"抽壳"命令，完成器皿的外壁绘制，如图 2.1.6-4 所示。
绘制方法：选择"设计特征"→"抽壳"命令，选择"移除面，然后抽壳"选项，然后选择要穿透的面，输入器皿的壁厚尺寸，单击"确定"按钮完成外壁绘制，如图 2.1.6-5 所示。
操作步骤 3. 完成器皿把手的绘制，如图 2.1.6-6 所示。
绘制方法：建立草图，绘制草图 2，如图 2.1.6-7 所示。选择"设计特征"→"拉伸"

命令完成器皿把手实体建模。

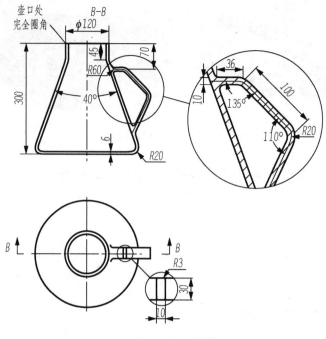

图 2.1.6-1 零件

图 2.1.6-2 绘制基础实体

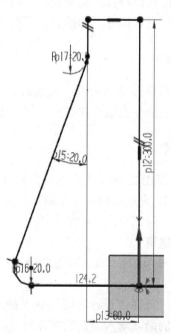

图 2.1.6-3 绘制草图 1

图 2.1.6-4 绘制器皿外壁

图 2.1.6-5 设置"抽壳"参数

图 2.1.6-6 器皿把手实体建模

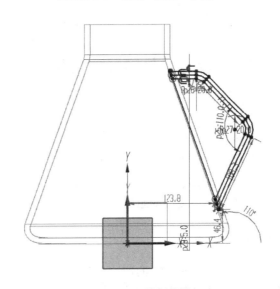

图 2.1.6-7 绘制草图 2

操作步骤 4. 完成把手的倒圆角,如图 2.1.6-8 所示。

绘制方法:选择"倒圆角"命令,输入圆角参数,选择倒角的边,然后单击"确定"按钮,如图 2.1.6-9 所示。

图 2.1.6-8 把手的倒圆角

图 2.1.6-9 设置"倒圆角"参数

例 12：建模完成，如图 2.1.6-10 所示。

抽壳、倒圆角

图 2.1.6-10　例 12 建模完成

教学内容 2.1.7：设计特征中的球、扫掠命令

教学目标

知识目标：学会使用设计特征中的球、扫掠功能完成实体建模
技能目标：掌握设计特征中的球、扫掠命令的参数设置
素质目标：培养学生良好的职业道德
思想政治目标：爱国奉献精神教育

教学重点、难点

教学重点：设计特征中的球、扫掠命令的正确使用
教学难点：设计特征中的球、扫掠命令的参数设定

任务描述

利用螺纹、拉伸命令完成摇把的基础建模，利用新学的设计特征中的球、扫掠命令完成实体建模，达到本任务的学习目标。

任务知识

例 13：根据图 2.1.7-1 所示的题目设计要求和设计意图完成建模(单位：mm)。

操作步骤 1. 建立扫掠的基础条件是两个扫掠基准面平行，扫掠线所在面与扫掠基准面垂直，如图 2.1.7-2 所示。

绘制方法：

(1) 建立草图 A，绘制直径为 10mm 的圆；建立草图 B，垂直草图 A，绘制扫掠线；建立草图 C，绘制直径为 6.16mm 的圆；然后选择"扫掠"命令，弹出"扫掠"对话框，如图 2.1.7-3 所示。

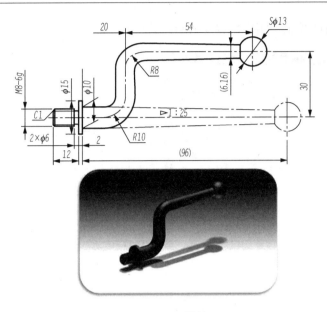

图 2.1.7-1 零件

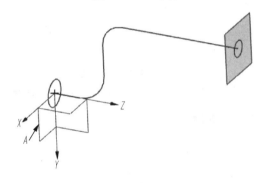

图 2.1.7-2 扫掠命令条件

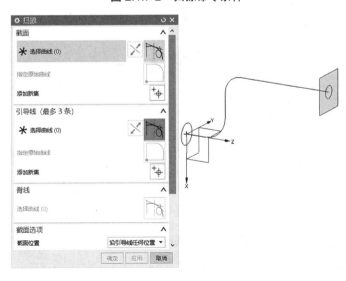

图 2.1.7-3 "扫掠"对话框

(2) 选择截面曲线 a，如图 2.1.7-4 所示。

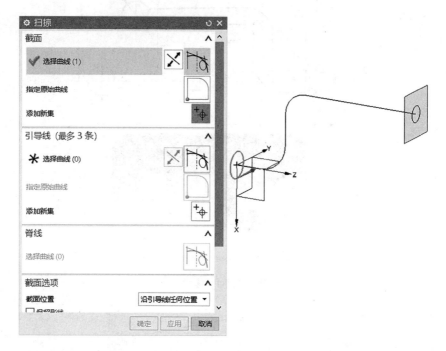

图 2.1.7-4　选择截面曲线 a

(3) 选择"添加新集"命令，选择截面曲线 b，如图 2.1.7-5 所示。

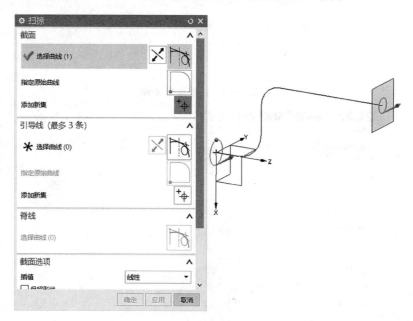

图 2.1.7-5　选择截面曲线 b

(4) 选择扫掠引导线，如图 2.1.7-6 所示。

(5) 单击"确定"按钮，扫掠完成建模，如图 2.1.7-7 所示。

项目二　实体建模设计

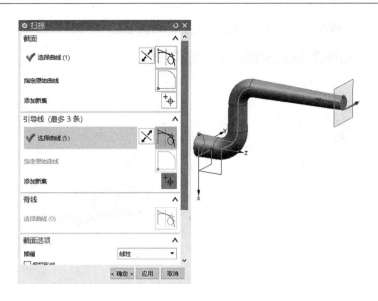

图 2.1.7-6　选择扫掠引导线

图 2.1.7-7　扫掠完成建模

操作步骤 2. 选择"设计特征"→"球"命令，弹出"球"对话框，如图 2.1.7-8 所示。

绘制方法：选择"设计特征"→"球"命令，选择球中心点，然后输入球直径尺寸，单击"确定"按钮完成球的绘制，如图 2.1.7-9 和图 2.1.7-10 所示。

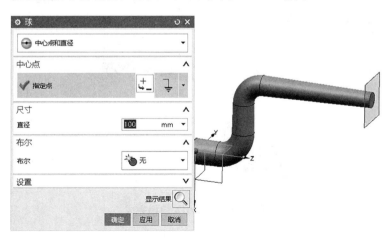

图 2.1.7-8　"球"对话框

操作步骤 3. 完成把手左侧槽、螺纹的绘制，如图 2.1.7-11 所示。

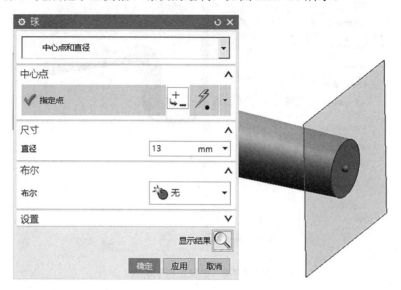

图 2.1.7-9 设置"球"参数

图 2.1.7-10 完成球绘制

图 2.1.7-11 绘制把手左侧槽和螺纹

绘制方法：建立草图 d，选择"拉伸""螺纹""槽"命令，完成把手实体建模。

例 14：建模完成，如图 2.1.7-12 所示。

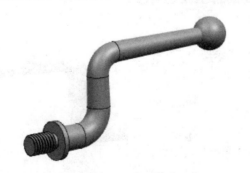

图 2.1.7-12 例 14 建模完成

球扫掠

教学内容 2.1.8：设计特征中的长方体，扫掠中的管命令

教学目标

知识目标：学会使用设计特征中的长方体，扫掠中的管功能实体建模
技能目标：掌握设计特征中的长方体，扫掠中的管命令的参数设置
素质目标：培养学生良好的职业道德
思想政治目标：敬业精神教育

教学重点、难点

教学重点：设计特征中的长方体，扫掠中的管命令的正确使用
教学难点：设计特征中的长方体，扫掠中的管命令的参数设定

任务描述

选择设计特征中的长方体、孔、基准平面、拉伸等功能完成基础建模，利用新学的扫掠中的管命令完成实体建模，达到本任务的学习目标。

任务知识

例 15：根据图 2.1.8-1 所示的题目设计要求和设计意图完成建模(单位：mm)。

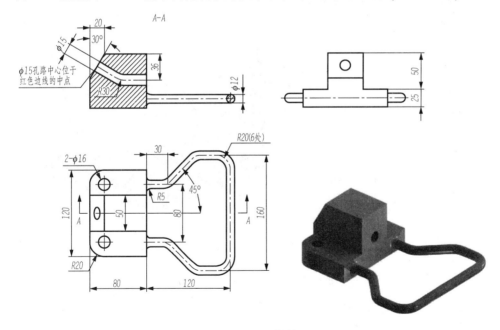

图 2.1.8-1　零件

操作步骤 1. 选择"设计特征"→"长方体"命令，弹出"长方体"对话框，如图 2.1.8-2 所示。

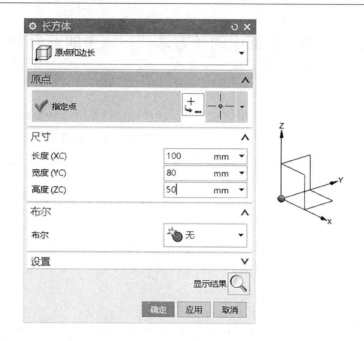

图 2.1.8-2 "长方体"对话框

绘制方法：选择原点和边长，指定长方体的左下角点，输入长方体的长度、宽度、高度，单击"确定"按钮完成长方体建模，如图 2.1.8-3 所示。

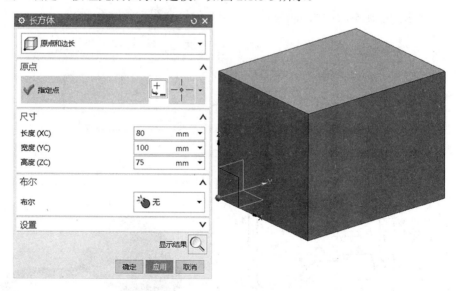

图 2.1.8-3 设置"长方体"参数

操作步骤 2. 完成斜面、孔和台阶的建模。

绘制方法：

(1) 建立草图 a，选择"设计特征"→"拉伸"命令，选择"求差"选项，单击"确定"按钮，完成台阶面建模，然后倒圆角，如图 2.1.8-4 所示。选择"设计特征"→"孔"命令，选择"常规孔"进行孔的建模，单击"确定"按钮完成建模，如图 2.1.8-5 所示。

(2) 建立草图 b，选择"设计特征"→"拉伸"命令，单击"确定"按钮完成斜面的建模，如图 2.1.8-6 所示。

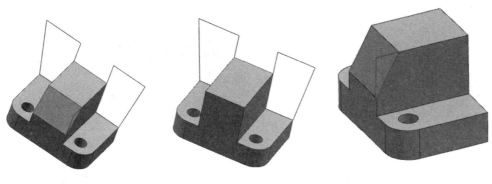

图 2.1.8-4　台阶面的建模　　　　图 2.1.8-5　孔的建模　　　　图 2.1.8-6　斜面的建模

操作步骤 3. 选择"扫掠"→"管"命令完成右侧管的建模，如图 2.1.8-7 所示。
绘制方法：
(1) 建立草图 c，绘制管的中心线，作为管的路径线，如图 2.1.8-8 所示。

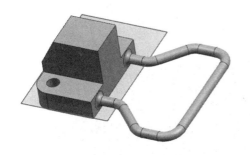 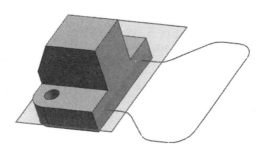

图 2.1.8-7　右侧管的建模　　　　　　　图 2.1.8-8　绘制管的路径线

(2) 选择"扫掠"→"管"命令，输入参数，单击"确定"按钮，管建模完成，如图 2.1.8-9 所示。然后求和、倒圆角，如图 2.1.8-10 所示。

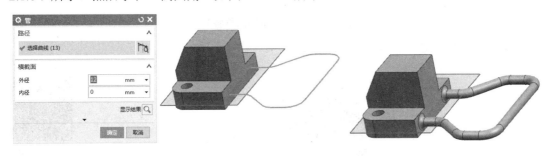

图 2.1.8-9　设置"管"参数　　　　　　　图 2.1.8-10　右侧管建模

操作步骤 4. 选择"扫掠"→"管"命令完成中间管的建模，如图 2.1.8-11 所示。
绘制方法：
(1) 建立草图 d，绘制管的中心线，作为管的路径线，如图 2.1.8-12 所示。

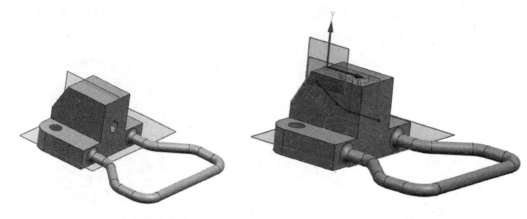

图 2.1.8-11 中间管的建模　　　　　图 2.1.8-12 绘制管的路径线

(2) 选择"扫掠"→"管"命令，输入参数，单击"确定"按钮，管建模完成，如图 2.1.8-13 所示。然后单击"确定"按钮，完成建模。

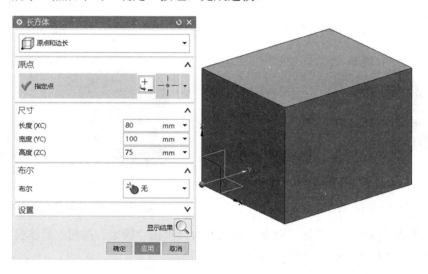

图 2.1.8-13 设置中间管参数

例 16：建模完成，如图 2.1.8-14 所示。

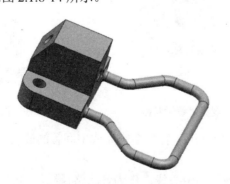

长方形、扫掠中的管

图 2.1.8-14 例 16 建模完成

项目二　实体建模设计

任务 2.2　基本特征的创建及编辑

教学内容 2.2.1：细节特征中的拔模、螺纹线命令

教学目标

知识目标：学会使用细节特征中的拔模、螺纹线命令实体建模
技能目标：掌握细节特征中的拔模、螺纹线命令的参数设置
素质目标：培养学生良好的职业道德
思想政治目标：职业道德教育

教学重点、难点

教学重点：细节特征中的拔模、螺纹线命令的正确使用
教学难点：细节特征中的拔模、螺纹线命令的参数设定

任务描述

选择设计特征中的圆柱、孔、拉伸、管等功能完成基础建模，利用新学的细节特征中的拔模、螺纹线命令完成实体建模，达到本任务的学习目标。

任务知识

例 17：根据图 2.2.1-1 所示的题目设计要求和设计意图完成建模(单位：mm)。

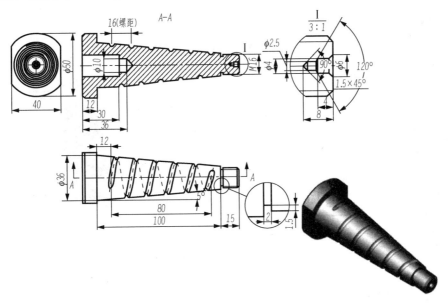

图 2.2.1-1　零件

操作步骤 1. 选择"设计特征"→"圆柱"命令，绘制圆柱体。

绘制方法：选择"轴、直径和宽度"命令，指定圆柱轴、中心点，输入圆柱体的直径、高度，单击"确定"按钮完成圆柱体建模，如图 2.2.1-2 所示。

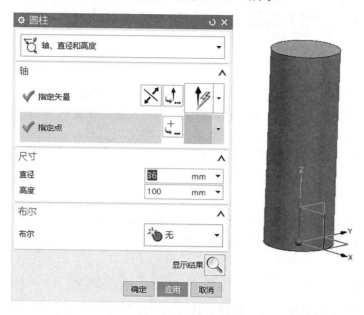

图 2.2.1-2　设置圆柱体参数

操作步骤 2. 将圆柱体变成圆台，如图 2.2.1-3 所示。

绘制方法：选择"细节特征"→"拔模"命令，选择"面"功能，指定脱模方向为 Z 正向，指定拔模方法中的固定面为底面，指定要拔模面为圆柱面，输入角度为 5，单击"确定"按钮完成拔模建模，如图 2.2.1-4 所示。

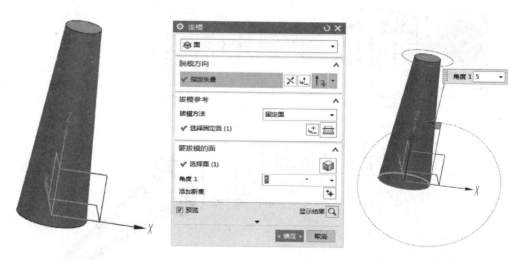

图 2.2.1-3　圆台的建模　　　　　　图 2.2.1-4　设置"拔模"参数

操作步骤 3. 完成上台阶、下台阶、沉头孔、外螺纹的建模，如图 2.2.1-5 所示。

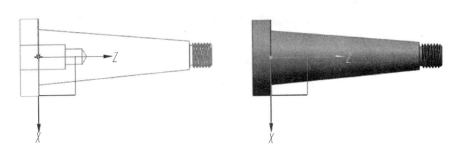

图 2.2.1-5 上下台阶、沉头孔、外螺纹的建模

绘制方法：

(1) 建立草图 a，选择"设计特征"→"拉伸"命令，选择"求和"命令，单击"确定"按钮完成下台阶面建模，然后倒圆角。选择"设计特征"→"孔"命令，选择"常规孔"中的"沉头孔"进行孔的建模，单击"确定"按钮完成建模，如图 2.2.1-6 所示。

(2) 建立草图 b，选择"设计特征"→"拉伸"命令，选择"求和"，单击"确定"按钮完成上台阶面建模，然后倒圆角。选择"设计特征"→"孔"命令，选择"常规孔"中的"沉头孔"进行孔的建模，选择"设计特征"→"螺纹"命令，单击"确定"按钮完成建模，如图 2.2.1-7 所示。

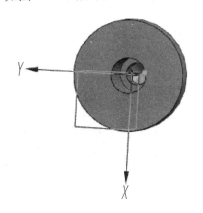

图 2.2.1-6 下台阶、沉头孔的建模

图 2.2.1-7 上台阶、螺纹的建模

操作步骤 4. 绘制圆台上的螺纹线，如图 2.2.1-8 所示。

绘制方法：选择"曲线功能"→"螺旋线"命令，指定螺旋线方向为沿矢量方向，指定现有坐标系，选择直径为"线性"，输入其起始直径值、终止直径值，选择螺距规律类型为"恒定"，输入螺距值，输入长度起始值和终止值，选择螺纹线为左旋方向，确定生成螺旋线，如图 2.2.1-9 所示。

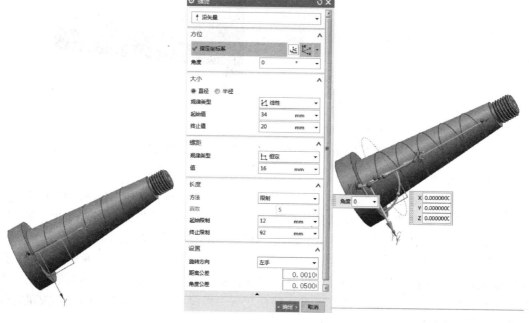

图 2.2.1-8　绘制螺旋线　　　　　图 2.2.1-9　设置"螺旋线"参数

操作步骤 5. 处理螺纹线，因为在加工过程中，入刀和出刀时刀具和锥面是相切的，所以螺纹线的两端需要各作一条切线。

绘制方法：作基准平面 c，在平面上建立草图 c，作切线 1。作基准平面 d，在平面上建立草图 d，作切线 2，如图 2.2.1-10 所示。

操作步骤 6. 选择"扫掠"中的"管"功能，完成建模。

绘制方法：选择"扫掠"中的"管"功能，选择曲线为螺纹线和两条切线，输入外径数值 5mm，布尔运算为减去，如图 2.2.1-11 所示。单击"确定"按钮，完成建模，如图 2.2.1-12 所示。

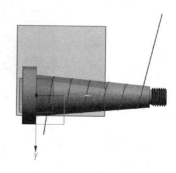

图 2.2.1-10　绘制切线

图 2.2.1-11　设置"管"参数　　　　图 2.2.1-12　螺旋槽的建模

操作步骤 7. 底座燕尾建模。

绘制方法：在底面作草图 e，选择"设计特征"中的"拉伸"功能，完成建模，如图 2.2.1-13 所示。

例 18：建模完成，如图 2.2.1-14 所示。

拔模、螺纹线

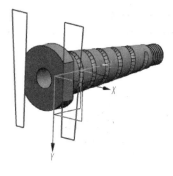

图 2.2.1-13　底座燕尾建模　　　　图 2.2.1-14　例 18 建模完成

教学内容 2.2.2：关联复制中的镜像特征命令

教学目标

知识目标：学会使用关联复制中的镜像特征命令进行实体建模
技能目标：掌握关联复制中的镜像特征命令的参数设置
素质目标：培养学生良好的职业道德
思想政治目标：职业素质教育

教学重点、难点

教学重点：关联复制中的镜像特征命令的正确使用
教学难点：关联复制中的镜像特征命令的参数设定

任务描述

利用草图、孔、拉伸等功能完成基础建模，利用新学的关联复制中的镜像特征命令完成实体建模，达到本任务的学习目标。

任务知识

例 19：根据图 2.2.2-1 所示的题目设计要求和设计意图完成建模(单位：mm)。已知：$A=105$，$B=70$，$C=52$，$D=30$。

操作步骤 1. 选择"设计特征"→"拉伸"→"孔"命令，完成基础建模。

绘制方法：建立草图 a，如图 2.2.2-2 所示。选择"设计特征"→"拉伸"命令，完成基础建模；选择"孔"命令，完成孔的建模；选择"倒圆角"命令，完成倒圆角建模，如

图 2.2.2-3 所示。

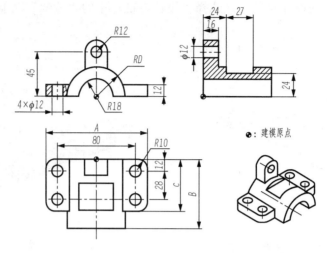

图 2.2.2-1 零件

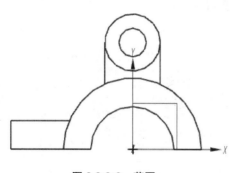

图 2.2.2-2 草图 a

图 2.2.2-3 草图 a 生成实体

操作步骤 2. 选择"设计特征"→"拉伸"命令建模。

绘制方法：建立草图 b，选择"设计特征"→"拉伸"命令，完成基础建模，如图 2.2.2-4 所示。

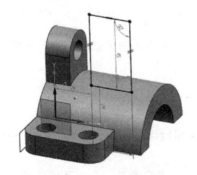 

图 2.2.2-4 草图 b 生成实体

操作步骤 3. 选择"关联复制"→"镜像特征"命令，完成实体镜像，如图 2.2.2-5 所示。

绘制方法：选择"关联复制"→"镜像特征"命令，选择要镜像的实体特征，选择镜像平面，如图 2.2.2-6 所示。单击"确定"按钮，完成镜像特征，如图 2.2.2-7 所示。

例 20：建模完成，如图 2.2.2-8 所示。

图 2.2.2-5　完成实体镜像

图 2.2.2-6　设置"镜像特征"参数

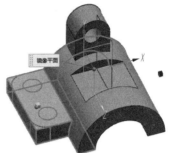

图 2.2.2-7　完成镜像特征

图 2.2.2-8　例 20 建模完成

镜像特征

项目三 曲面设计

目标要求

1. 知识目标

(1) 掌握曲线的创建方法
(2) 了解曲面的创建基础
(3) 掌握由曲线构建曲面的方法
(4) 掌握由曲面构建曲面的方法
(5) 掌握各种曲面的编辑方法
(6) 能独立完成零件设计项目并总结

2. 能力目标

(1) 能创建三维空间曲线
(2) 能根据三维空间曲线创建曲面
(3) 能熟练编辑曲面
(4) 能通过查阅资料或讨论交流的方式获取所需信息
(5) 具有责任意识和团队合作精神

3. 素质目标

(1) 培养学生良好的职业道德
(2) 培养学生良好的人际沟通能力
(3) 培养学生的动作协调能力
(4) 培养学生的积极向上,健康阳光的心态

4. 思想政治目标

提升学生道德品质，在内容、形式、方法、手段、机制等方面努力改进和创新，着力引导学生"爱国守法、明礼诚信、团结友善、勤俭自强、敬业奉献"，坚持贯彻落实学生日常行为规范，把考风建设作为道德建设的重要内容，促进校风、学风建设。

教学重点、难点

1. 教学重点

(1) 创建曲线的方法
(2) 由曲线构建曲面的方法

2. 教学难点

(1) 编辑曲面的方法
(2) 独立完成零件设计项目并总结

任务 3.1　构建曲线

教学内容 3.1.1：曲线中的直线、圆弧/圆空间曲线命令

教学目标

知识目标：学会使用曲线中的直线、圆弧/圆空间曲线功能完成线架建模
技能目标：会用曲线中的直线、圆弧/圆功能完成空间曲线建模
素质目标：培养学生良好的职业道德
思想政治目标：法律意识教育

教学重点、难点

教学重点：曲线中的直线、圆弧/圆命令的正确使用
教学难点：曲线中的直线、圆弧/圆命令参数的设定

任务描述

利用曲线中的直线、圆弧/圆命令绘制空间曲线构架，完成所给图样的绘制。

任务知识

例 1：根据图 3.1.1-1 所示的题目设计要求和设计意图完成天圆地方线架建模(单位：mm)。已知：$A=100$，$B=100$，$C=30$，$D=50$。

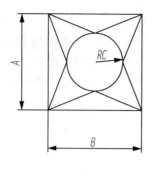
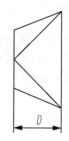
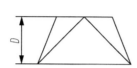

图 3.1.1-1　天圆地方线架

操作步骤 1. 绘制四边形 1，如图 3.1.1-2 所示。

绘制方法：选择曲线中的"直线"命令，弹出"直线"对话框，如图 3.1.1-3 所示。

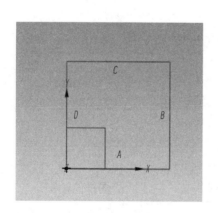

图 3.1.1-2　绘制四边形 1　　　　　图 3.1.1-3　"直线"对话框

绘制直线 A，设定起点和终点，如图 3.1.1-4、图 3.1.1-5 所示。

绘制直线 B，设定起点和终点，如图 3.1.1-6 所示。

绘制直线 C，设定起点和终点，如图 3.1.1-7 所示。

绘制直线 D，设定起点和终点，如图 3.1.1-8 所示。

项目三　曲面设计

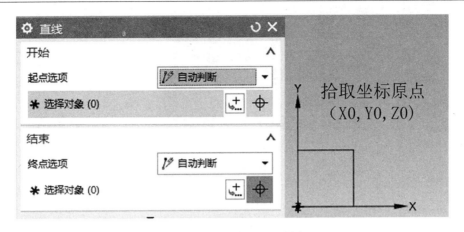

图 3.1.1-4　设定直线 A 起点

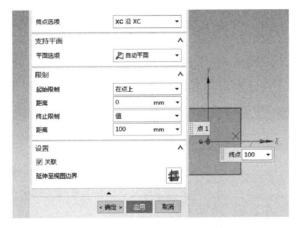

图 3.1.1-5　设定直线 A 终点

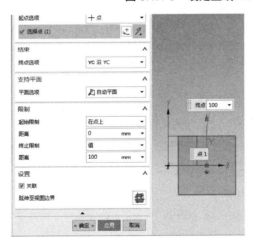

图 3.1.1-6　绘制直线 B

UG NX 12.0 产品三维建模与数控加工

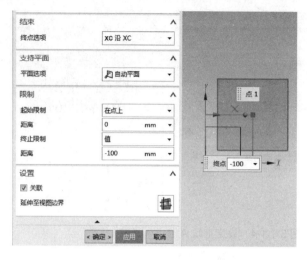

图 3.1.1-7 绘制直线 C

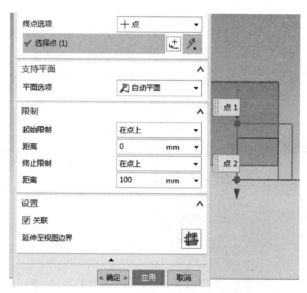

图 3.1.1-8 绘制直线 D

操作步骤 2. 完成圆形绘制，如图 3.1.1-9 所示。

绘制方法：选择曲线中的 "圆弧/圆" 命令，弹出"圆弧/圆"对话框，如图 3.1.1-10 所示。

选择"从中心开始的圆弧/圆"命令，单击"点对话框"图标，如图 3.1.1-11 所示，输入圆心坐标，如图 3.1.1-12 所示，输入半径 30，如图 3.1.1-13 所示。

注意：圆所在的平面，选好平面按 F8 键。

操作步骤 3. 选择"直线"命令连接四边形顶点

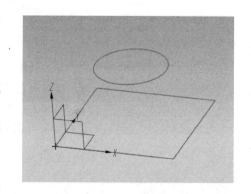

图 3.1.1-9 完成圆形绘制

和圆的象限点即可，如图 3.1.1-14 所示。

图 3.1.1-10 "圆弧/圆"对话框

图 3.1.1-11 设置绘制圆参数

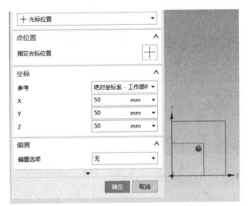

图 3.1.1-12 设置圆心坐标参数

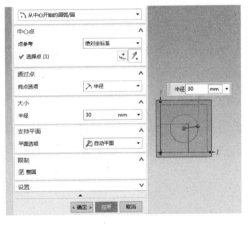

图 3.1.1-13 设置圆半径参数

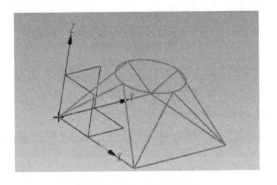

图 3.1.1-14 完成的零件

曲线中的直线、圆弧圆空间曲线

教学内容 3.1.2：曲线中的规律曲线(公式曲线)的构建

教学目标

知识目标：学会使用曲线中的规律曲线功能完成线架建模
技能目标：会用曲线中的规律曲线功能完成空间曲线建模
素质目标：培养学生良好的职业道德
思想政治目标：诚信意识教育

教学重点、难点

教学重点：曲线中的规律曲线命令的正确使用
教学难点：公式表达式的设定

任务描述

用曲线中的规律曲线命令绘制空间曲线构架，完成所给图样的绘制。

任务知识

例 2：根据图 3.1.2-1 所示的题目设计要求和设计意图完成建模(单位：mm)。已知：A=100，B=90，C=20，D=10。

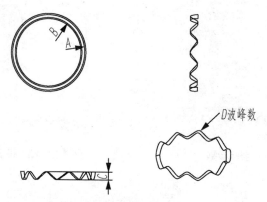

图 3.1.2-1 线架

操作步骤 1. 依次选择"菜单"→"工具"→"表达式"命令，如图 3.1.2-2 所示。
操作步骤 2. 把公式曲线参数输入表格，如图 3.1.2-3 所示。
注意：新建表达式会增加一行，输入完成后确定。
操作步骤 3. 选择"曲线"→"规律曲线"命令，弹出"规律曲线"对话框，如图 3.1.2-4、图 3.1.2-5 所示。
操作步骤 4. 采用步骤 2 与 3 完成新的直径为 90 的蝶形曲线，如图 3.1.2-6 所示。

项目三 曲面设计

图 3.1.2-2 选择"表达式"命令

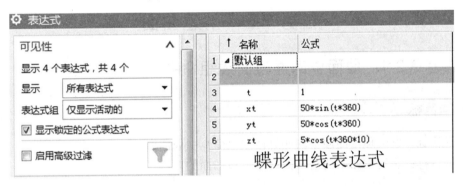

图 3.1.2-3 显示锁定的公式表达式

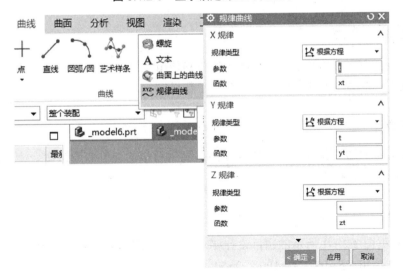

图 3.1.2-4 "规律曲线"对话框

UG NX 12.0 产品三维建模与数控加工

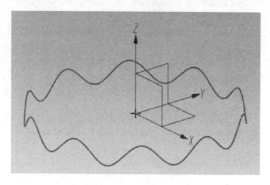

图 3.1.2-5 生成曲线

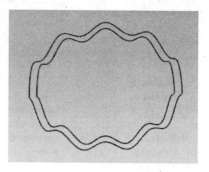

图 3.1.2-6 蝶形曲线

曲线中的规律曲线(公式曲线)的构建

任务 3.2 创建曲面

教学内容 3.2.1：曲面中的通过曲线组命令

教学目标

知识目标：学会使用曲面中的通过曲线组命令生成曲面
技能目标：掌握曲面中的通过曲线组生成曲面的方法
素质目标：培养学生良好的职业道德
思想政治目标：自立自强精神培育

教学重点、难点

教学重点：曲面中的通过曲线组命令的正确使用
教学难点：曲面中的通过曲线组命令的参数设定

任务描述

选择曲面中的通过曲线组命令生成曲面，利用新学的通过曲线组命令完成曲面编辑，达到本任务的学习目标。

任务知识

例 3：根据图 3.2.1-1 所示的题目设计要求和设计意图完成天圆地方形曲面建模(单位：mm)。已知：$A=30$，$B=100$，$C=100$，$D=50$。

操作步骤 1. 根据曲线绘制出 100mm×100mm 四边形和高为 50mm、半径为 30mm 圆的线架，如图 3.2.1-2 所示。

操作步骤 2. 选择"菜单"→"编辑"→"曲线"→"分割"命令，把圆按象限点分割成 4 份，如图 3.2.1-3 所示。

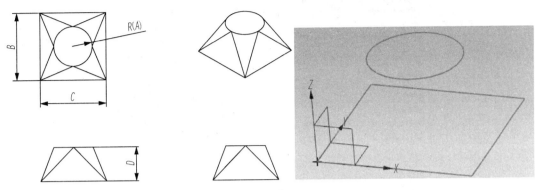

图 3.2.1-1　天圆地方形零件　　　　图 3.2.1-2　绘制方和圆线架

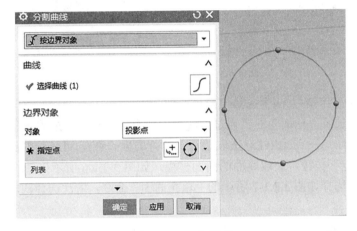

图 3.2.1-3　分割圆

绘制方法：进入曲线分割后，选择"按边界对象"命令，对象选择点和矢量，指定点为象限点，选取圆的象限点。

操作步骤3. 选择"曲面"→"通过曲线组"命令，生成如图 3.2.1-4 所示的曲面。

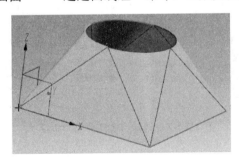

图 3.2.1-4　生成四周的曲面

绘制方法：

(1) 选择"曲面"→"通过曲线组"命令，用鼠标选取四边形的一个端点，按鼠标中键确定，再选取对应的四分之一圆弧，按鼠标中键确定，然后单击对话框下面的"应用"按钮，即可完成一个面的建模，此方法是利用点和曲线生成曲面，如图 3.2.1-5 所示。

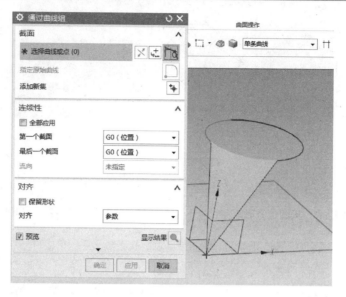

图 3.2.1-5　点和曲线生成曲面

曲面通过
曲线组创建

(2) 利用上面相同的方法生成其他四周曲面。

操作步骤 4. 选择"曲面"→"通过曲线组"命令，选取四边形的一条边，用鼠标中键确定，再选取相对的另一条边(注意选取边箭头的方向要一致)，用鼠标中键确定，再单击对话框下边的"确定"按键，完成底面的曲面建模，如图 3.2.1-6 所示。

操作步骤 5. 选择如图 3.2.1-7 所示的"填充曲面"命令，依次选择四段圆弧，单击"确定"按钮即可。

例 4：建模完成，如图 3.2.1-8 所示。

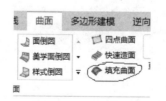
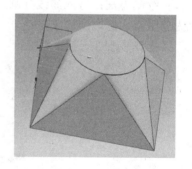

图 3.2.1-6　底面建模　　图 3.2.1-7　选择"填充曲面"命令　　图 3.2.1-8　例 4 建模完成

教学内容 3.2.2：曲面中的通过曲线网格命令

教学目标

知识目标：学会使用曲面中的通过曲线网格命令生成曲面

技能目标：掌握曲面中的通过曲线网格生成曲面的方法
素质目标：培养学生良好的职业道德
思想政治目标：考风考纪建设

教学重点、难点

教学重点：曲面中的通过曲线网格命令的正确使用
教学难点：曲面中的通过曲线网格命令的参数设定

任务描述

选择"通过曲线网格"命令生成曲面，利用新学的通过曲线网格命令完成曲面编辑，达到本任务的学习目标。

任务知识

例5：根据图3.2.2-1所示的题目设计要求和设计意图完成曲面建模(单位：mm)。

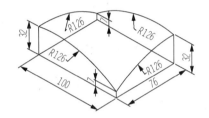 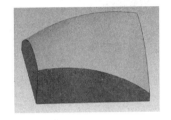

图3.2.2-1　零件

操作步骤1. 根据前面学过的内容绘制线架结构，如图3.2.2-2所示。

注意：绘制R126圆弧时在"平面选项"对话框中选择"锁定平面"命令，如图3.2.2-3所示。

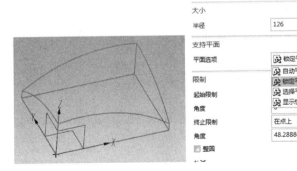 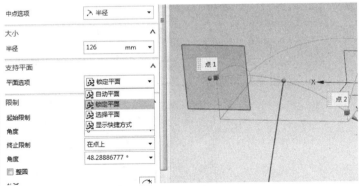

图3.2.2-2　绘制线架结构　　　　图3.2.2-3　选择"锁定平面"命令

操作步骤2. 选择"曲面"→"通过曲面网格"命令，绘制四周面和顶面，如图3.2.2-4所示。

绘制方法：选择"通过曲线网格"命令，直接选取主曲线的一条边，按鼠标中键确定，如图 3.2.2-5 所示；再选取对面的另一边(注意键头方向要一致)作为另一条主曲线，按鼠标中键确定，结束拾取主曲线；开始拾取交叉曲线 1，如图 3.2.2-6 所示，按鼠标中键确定，再拾取对面的另一条曲线(注意箭头方向要一致)，按鼠标中键确定，单击对话框下边的"应用"或者"确定"按钮即可。

重复上述操作过程，完成其他几个曲面的建模。

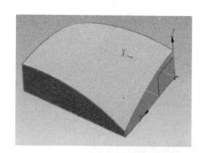

图 3.2.2-4　绘制四周面和顶面

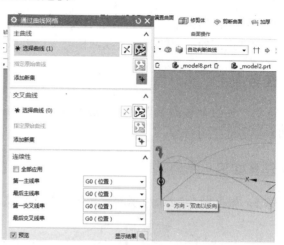

图 3.2.2-5　拾取主曲线

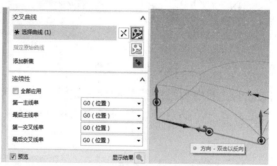

图 3.2.2-6　拾取交叉曲线 1

曲面通过曲线网格创建

操作步骤 3. 选择"曲面"→"通过曲线组"生成底面曲面。

例 6：建模完成，如图 3.2.2-7 所示。

图 3.2.2-7　例 6 建模完成

项目三 曲面设计

教学内容 3.2.3：曲面扫掠命令

教学目标

知识目标：学会使用曲面扫掠命令生成曲面
技能目标：掌握曲面扫掠生成曲面的方法
素质目标：培养学生良好的职业道德
思想政治目标：考纪与道德教育

教学重点、难点

教学重点：曲面扫掠命令的正确使用
教学难点：曲面扫掠命令的参数设定

任务描述

利用新学的通过曲面扫掠命令完成曲面编辑，达到本任务的学习目标。

任务知识

例7：根据图3.2.3-1所示的题目设计要求和设计意图完成簸箕形曲面建模(单位：mm)。

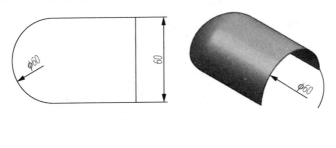

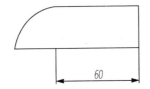

图 3.2.3-1　簸箕形曲面零件

操作步骤1. 绘制出线架结构，如图3.2.3-2所示。
操作步骤2. 选择"曲面"→"扫掠"命令，绘制半圆柱曲面，如图3.2.3-3所示。
绘制方法：选择"曲面"→"扫掠"命令，如图3.2.3-4所示。直接选取侧面的半圆弧作为截面，按鼠标中键确定，再按鼠标中键确定，再选取侧面的直线作为引导线，按鼠标中键确定，如图3.2.3-5所示。单击对话框下边的"应用"或者"确定"按钮即可。

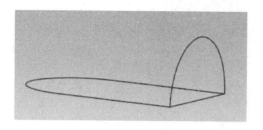

图 3.2.3-2　绘制线架结构

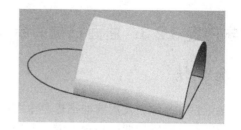

图 3.2.3-3　扫掠绘制半圆柱曲面

图 3.2.3-4　选择"扫掠"命令

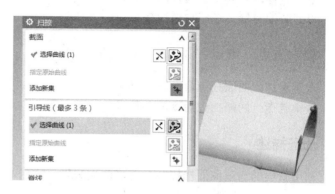

图 3.2.3-5　拾取相交曲线

操作步骤3. 选择"主要"→"特征"→"拉抻"命令，选取底面的圆弧和直线，生成辅助曲面，单击"确定"按钮，如图 3.2.3-6 所示。

图 3.2.3-6　拉抻辅助曲面

操作步骤4. 选择"曲面"→"通过曲线组"命令，选取底面的圆弧，按鼠标中键确定，再选取半圆柱圆曲面的圆弧边，按鼠标中键确定，在对话框中的连续性下，第一个截面选相切，选取刚才拉抻的圆弧曲面；在最后一个截面选相切，选取扫掠的半圆柱面；单击对话框下边的"应用"或者"确定"按钮即可，如图 3.2.3-7 所示。

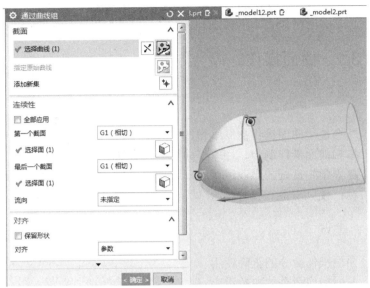

曲面扫掠命令

图 3.2.3-7　通过曲线组生成曲面

操作步骤 5. 隐藏下边的曲面；找到"隐藏"图标并单击，如图 3.2.3-8 所示，拾取要隐藏的曲面并确定，如图 3.2.3-9 所示。

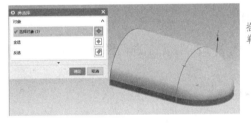

图 3.2.3-8　选择"隐藏"命令

图 3.2.3-9　隐藏辅助曲面

例 8：建模完成，如图 3.2.3-10 所示。

把底面的一半作为截面线，侧面原半圆弧作为引导线扫掠即可，如图 3.2.3-11 所示。

图 3.2.3-10　例 8 建模完成

图 3.2.3-11　扫掠直接生成曲面

任务 3.3 编辑曲面

教学内容 3.3.1：曲面操作

教学目标

知识目标：学会使用曲面操作命令编辑曲面
技能目标：掌握曲面操作缝合、加厚等曲面操作方法
素质目标：培养学生良好的职业道德
思想政治目标：校风与行为教育

教学重点、难点

教学重点：曲面操作命令的正确使用
教学难点：曲面操作命令的参数设定

任务描述

举例讲解几个常用的曲面操作命令，达到本任务的学习目标。

任务知识

例 9：按照图 3.3.1-1 所示曲面图形绘制，利用图 3.3.1-2 所示功能区命令进行曲面缝合操作。

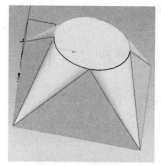

图 3.3.1-1 曲面图形

图 3.3.1-2 "曲面缝合"命令

操作步骤 1. 打开教学内容 3.2.1 中的例 3，如图 3.2.1-8 所示。

操作步骤 2. 选择"曲面"→"曲面操作"→"缝合"命令，弹出"缝合"对话框，如图 3.3.1-3 所示。

绘制方法：选择一个面作为目标体，再选取要缝合的面作为工具体，按鼠标中键确定，如图 3.3.1-4 所示，单击对话框下边的"应用"或者"确定"按钮即可。

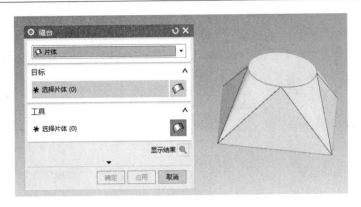

图 3.3.1-3 "缝合"对话框

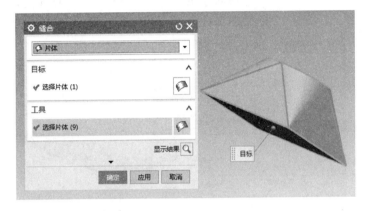

图 3.3.1-4 缝合选取目标和工具

注意：如果是封闭的曲面，那么可以选择"缝合"命令后，再选择实体类型或片体类型，如图 3.3.1-5 所示。

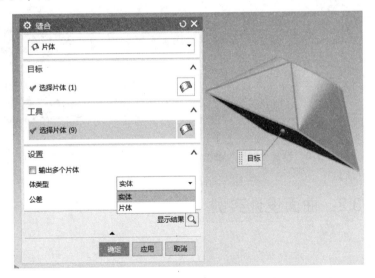

图 3.3.1-5 缝合实体类型

例 10：按照图 3.3.1-6 所示曲面图形绘制，利用功能区栏命令进行曲面加厚操作，如

图 3.3.1-7 所示。

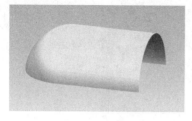

图 3.3.1-6 曲面图形

图 3.3.1-7 "加厚"命令

操作步骤 1. 打开教学内容 3.2.3 中的例 7 如图 3.2.3-10 所示。

操作步骤 2. 选择"曲面"→"曲面操作"→"加厚"命令，打开"加厚"对话框，如图 3.3.1-8 所示。

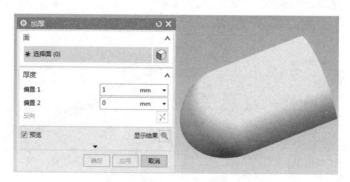

曲面操作

图 3.3.1-8 "加厚"对话框

操作步骤 3. 参数设置如图 3.3.1-9 所示。曲面加厚完成，如图 3.3.1-10 所示。

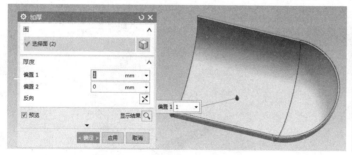

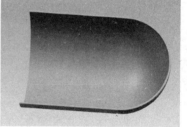

图 3.3.1-9 设置"加厚"参数　　　　图 3.3.1-10 曲面加厚完成

教学内容 3.3.2：曲面设计实例

教学目标

知识目标：学会使用曲面命令编辑曲面

技能目标：掌握用曲面基本命令构建曲面的方法

素质目标：培养学生良好的职业道德
思想政治目标：学风与考试规范教育

教学重点、难点

教学重点：曲面基本命令的正确使用
教学难点：绘制曲面命令的综合应用

任务描述

举例讲解曲面设计，综合应用前面学过的相关知识。

任务知识

例 11：用曲面命令综合设计一把茶壶，如图 3.3.2-1 所示。

操作步骤 1. 打开 UG 12.0，绘制半径为 40、XY 平面、圆心坐标为(0，0，0)的空间曲线圆 A，如图 3.3.2-2 所示。

图 3.3.2-1　茶壶　　　　　　图 3.3.2-2　绘制第一个空间曲线圆 A

操作步骤 2. 绘制第二个空间曲线圆 B，圆心坐标为(0，0，35)、半径为 50、平行于 XY 平面，如图 3.3.2-3 所示。

操作步骤 3. 绘制第三个空间曲线圆 C，圆心坐标为(0，0，70)、半径为 30、平行于 XY 平面，如图 3.3.2-4 所示。

操作步骤 4. 绘制第四个空间曲线圆 D，圆心坐标为(0，0，105)、半径为 40、平行于 XY 平面，如图 3.3.2-5 所示。

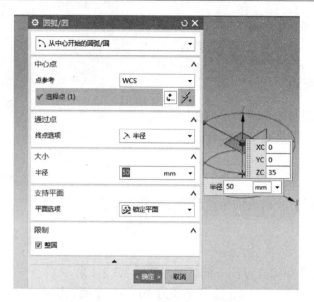

图 3.3.2-3 绘制第二个空间曲线圆 B

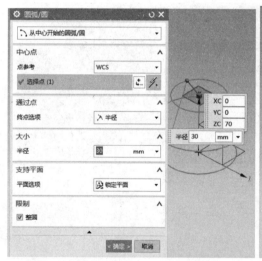

图 3.3.2-4 绘制第三个空间曲线圆 C

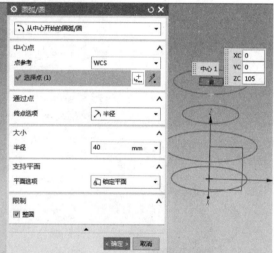

图 3.3.2-5 绘制第四个空间曲线圆 D

操作步骤 5. 绘制壶体的轮廓曲线 L1，选择"曲线"→"艺术样条"命令，依次拾取四个圆 D、C、B、A 的象限点，参数如图 3.3.2-6 所示。

操作步骤 6. 阵列样条曲线 L1，选择"主页"→"特征"→"阵列特征"命令圆形阵列 4 份，参数如图 3.3.2-7 所示，阵列完成效果如图 3.3.2-8 所示。

操作步骤 7. 绘制壶嘴处样条曲线。单击草图，以图 3.3.2-8 中的圆 D 为草图平面。绘制如图 3.3.2-9 所示的直线 L2、L3，投影圆 D 至草图，绘制样条曲线 L4，约束样条曲线 L4 与投影的圆 D(R40) 相切，样条两侧对称，如图 3.3.2-10 所示，修剪完成后退出草图，绘制完成效果如图 3.3.2-11 所示。

项目三　曲面设计

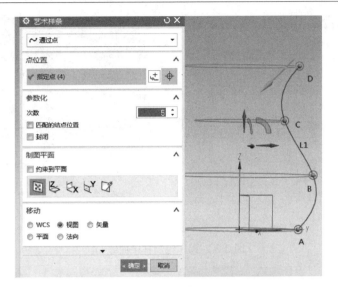

图 3.3.2-6　设置壶体轮廓曲线 L1 参数

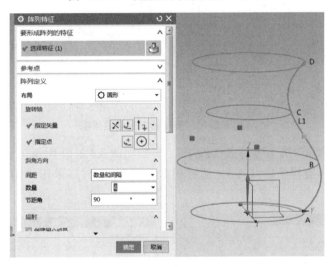

图 3.3.2-7　阵列样条曲线

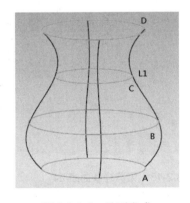

图 3.3.2-8　阵列完成

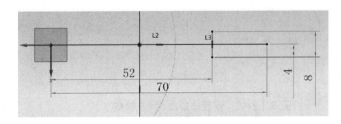

图 3.3.2-9　绘制草图直线

81

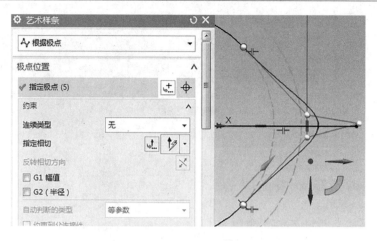

图 3.3.2-10 绘制样条曲线 L4

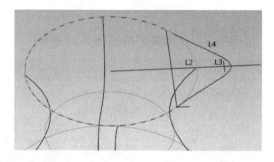

图 3.3.2-11 壶嘴绘制完成效果图

操作步骤 8. 绘制壶嘴下方样条曲线 L5，参数如图 3.3.2-12 所示。

操作步骤 9. 修剪样条曲线 L4，边界对象为 L5，修剪后单击"确定"按钮即可，如图 3.3.2-13 所示。

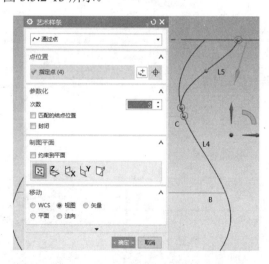

图 3.3.2-12 设置样条曲线 L5 参数

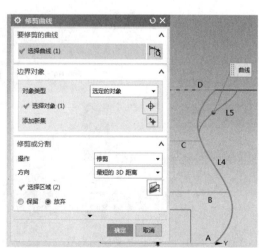

图 3.3.2-13 修剪样条曲线 L4

操作步骤 10. 选择"曲面"→"通过曲线网格"命令生成曲面，把截面圆弧 A、B、C 和 L4 的草图轮廓曲线作为主曲线，把样条曲线 L5 和修剪后的 L1 及阵列 L1 生成的曲线作为交叉曲线，选取时注意方向，如图 3.3.2-14 所示。

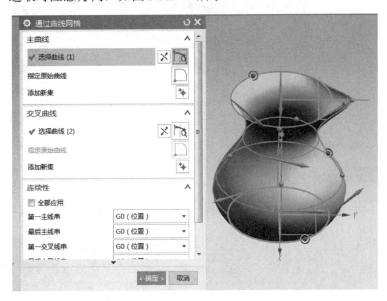

图 3.3.2-14　生成网格曲面

操作步骤 11. 新建草图，绘制壶把手样条曲线，如图 3.3.2-15 所示完成并退出草图。

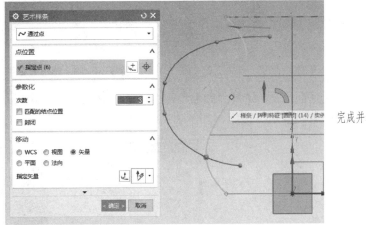

图 3.3.2-15　绘制壶把手样条曲线

操作步骤 12. 以垂直于图 3.3.2-15 中的样条曲线为平面建立草图，绘制长半轴为 7、短半轴为 4 的椭圆，如图 3.3.2-16 所示。

操作步骤 13. 选择"曲面"→"扫掠"命令，生成壶把手，如图 3.3.2-17 所示。

操作步骤 14. 单击"曲面"→"曲面操作"→"修剪体"命令，如图 3.3.2-18 所示。利用曲面修剪壶把手，如图 3.3.2-19 所示。

图 3.3.2-16　绘制壶把手椭圆曲线

图 3.3.2-17　扫掠生成壶把手

图 3.3.2-18　"修剪体"命令

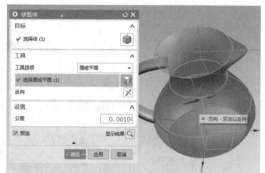

图 3.3.2-19　修剪壶把手

操作步骤 15. 生成壶底面平面。选择"曲面"→"填充曲面"命令，如图 3.3.2-20 所示。拾取底面的圆 A，单击"确定"按钮，如图 3.3.2-21 所示。

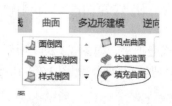

图 3.3.2-20　"填充曲面"命令

图 3.3.2-21　生成壶底面

操作步骤 16. 利用面倒圆功能将底面倒圆角并自动缝合曲面，选择"曲面"→"面倒圆"命令，如图 3.3.2-22 所示。

拾取底面按鼠标中键确定，注意箭头方向朝向壶里面，再按鼠标中键确定，拾取侧面按鼠标中键确定，同样注意箭头方向朝向壶里面，输入半径为 5，如图 3.3.2-23 所示，单击"确定"按钮。

图 3.3.2-22　"面倒圆"命令　　　　　　　　图 3.3.2-23　底面倒圆

操作步骤 17. 单击"曲面"，选择"加厚"命令生成实体，打开"加厚"对话框，拾取曲面，注意箭头方向，厚度为 1mm，如图 3.3.2-24 所示。

图 3.3.2-24　设置"加厚"参数

操作步骤 18. 将壶把手和壶体合并成一个实体，如图 3.3.2-25 所示。

图 3.3.2-25　合并实体

操作步骤 19. 壶把手处倒 $R2$ 的圆角，如图 3.3.2-26 所示。

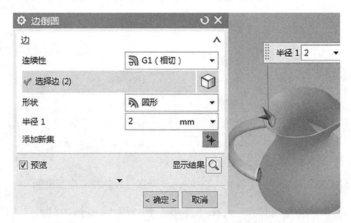

图 3.3.2-26　壶把手倒圆角 $R2$

操作步骤 20. 壶嘴处倒 $R0.5$ 的圆角，如图 3.3.2-27 所示。

图 3.3.2-27　壶嘴倒圆角 $R0.5$

操作步骤 21. 隐藏所有曲线、草图、曲面，如图 3.3.2-28 所示。
最终完成效果如图 3.3.2-29 所示。

项目三　曲面设计

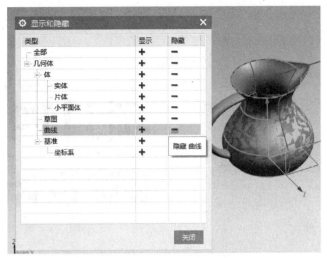

图 3.3.2-28　隐藏所有曲线、草图、曲面

图 3.3.2-29　最终完成效果

曲面设计实例

项目四

装配设计

目标要求

1. 知识目标

(1) 熟练掌握各种装配常用命令
(2) 有清晰的装配思路并能快速装配
(3) 能独立完成零件设计项目并总结

2. 能力目标

(1) 能正确利用装配命令选择实体
(2) 能合理选用约束方式
(3) 能根据工程图快速装配
(4) 能通过查阅资料或讨论交流的方式获取所需信息
(5) 具有安全责任意识、良好的语言表达能力和团队合作精神

3. 素质目标

(1) 培养学生良好的职业道德
(2) 养成良好的团队协作的工作习惯
(3) 具备良好的服务意识
(4) 培养学生积极向上、健康阳光的心态

4. 思想政治目标

提升学生人文素养。在提高学生的专业素质的同时，对学生进行中华传统文化教育，汲取传统文化的精华，弘扬民族文化，着力提高学生的爱国意识、忧患意识、责任意识，

弘扬中华民族自强不息的奋斗精神。

教学重点、难点

1. 教学重点

(1) 常用约束命令
(2) 命令快捷键的使用

2. 教学难点

(1) 装配思路清晰并能快速装配
(2) 独立完成零件装配项目并总结

任务 4.1　装配基础

教学内容 4.1.1：装配功能中的添加和新建装配部件命令

教学目标

知识目标：学会使用设计特征中的装配功能命令
技能目标：掌握设计特征中的装配选择
素质目标：培养学生良好的职业道德
思想政治目标：培养学生的精益求精的工作态度

教学重点、难点

教学重点：设计特征中的部件选择应用
教学难点：设计特征中的新建部件应用

任务描述

利用所学的实体建模功能将装配零部件生成实体，并通过相关装配功能指令对零件进行选择和装配，达到本任务的学习目标。

任务知识

例1：根据图 4.1.1-1 所示的装配关系，完成零件的装配。

操作步骤1. 选择装配命令进入装配界面，如图 4.1.1-2 所示。

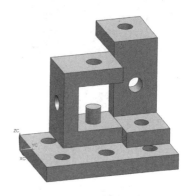

图 4.1.1-1　装配

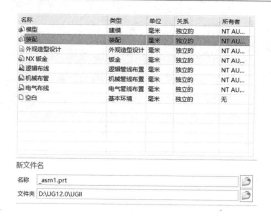

图 4.1.1-2 装配界面

操作步骤 2. 选择装配基准部件 A 的操作过程，如图 4.1.1-3 所示。

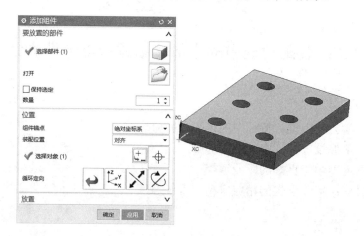

图 4.1.1-3 基准部件 A

选择方法：选择基准部件 A 的操作过程，如图 4.1.1-4、图 4.1.1-5 所示。

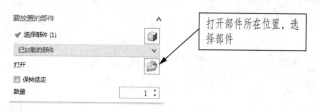

图 4.1.1-4 打开基准部件 A 所在位置

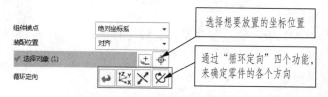

图 4.1.1-5 设置装配位置和循环定向

注意：单个部件时不通过约束来控制部件位置，而是通过坐标方向来确定工件位置。

操作步骤 3. 选择部件 B，通过约束装配，如图 4.1.1-6 所示。

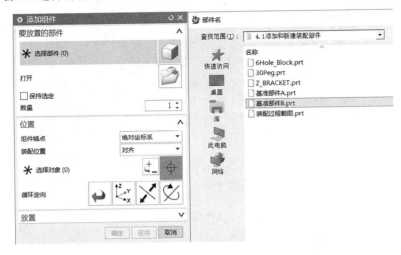

图 4.1.1-6　选择部件 B

选择与基准部件 A 装配的部件 B，通过操作步骤 2 来设置部件 B 的放置位置和方向，如图 4.1.1-7 所示。

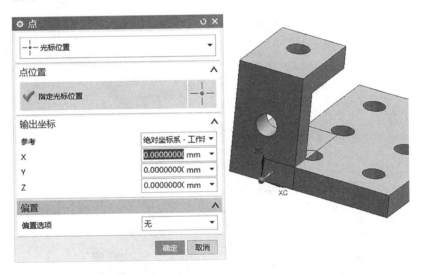

图 4.1.1-7　放置部件 B

通过接触约束方式将部件 B 与基准部件 A 的上表面进行约束，可以让基准部件 A 的上表面和部件 B 的下表面直接接触，如图 4.1.1-8、图 4.1.1-9 所示。

通过对齐约束方式将部件 B 与基准部件 A 进行侧面对齐约束，可以让基准部件 A 的配合侧面和部件 B 的侧面实现共面，如图 4.1.1-10、图 4.1.1-11 所示。

接触约束和对齐约束后的装配部件如图 4.1.1-12 所示。

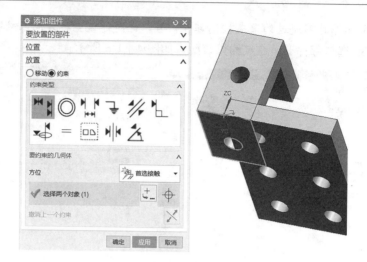

图 4.1.1-8　选择部件 B 的下表面

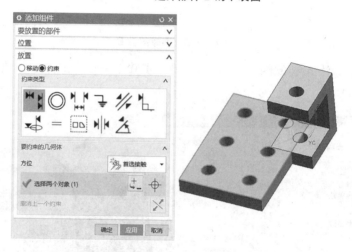

图 4.1.1-9　选择基准部件 A 的上表面

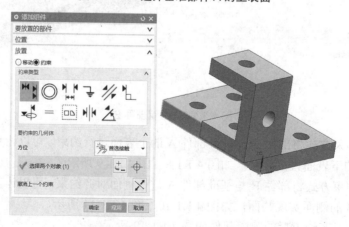

图 4.1.1-10　选择基准部件 A 的侧面

项目四 装配设计

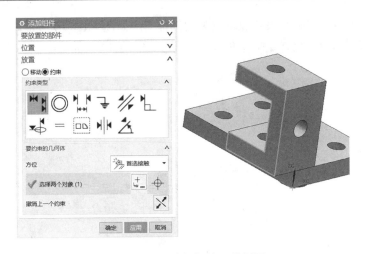

图 4.1.1-11 选择部件 B 的侧面

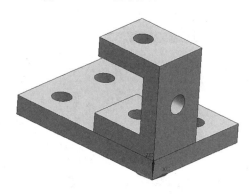

图 4.1.1-12 装配

通过同心约束，可以让部件 B 的孔与基准部件 A 的孔同心，如图 4.1.1-13 所示。

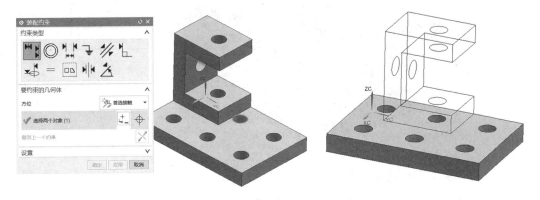

图 4.1.1-13 选择需要同心的孔元素

操作步骤 4. 利用同心约束安放位置装配部件 C，如图 4.1.1-14 所示。
选择部件 C 与基准部件 A 和部件 B 装配，如图 4.1.1-15 所示。

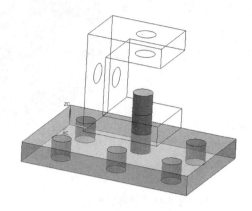

图 4.1.1-14　部件 C 的装配

图 4.1.1-15　选择需要装配的部件 C

注意：在选择零件放置位置时，如果放置位置可以实现装配要求，那么可以省略相关装配约束条件，如图 4.1.1-16 所示。

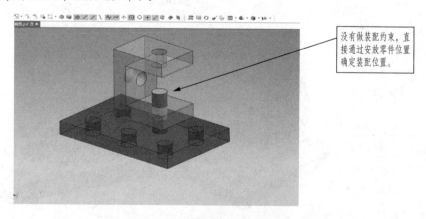

图 4.1.1-16　选择部件 C 的配合

操作步骤 5. 利用接触、对齐、移动部件方式装配部件 D，如图 4.1.1-17 所示。

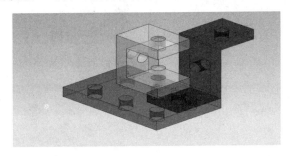

图 4.1.1-17　部件 D 的装配

选择需要装配的部件 D，放置到相对应的位置，如图 4.1.1-18 所示。

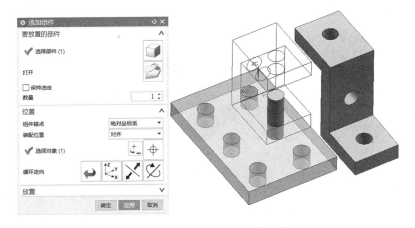

图 4.1.1-18　选择需要装配的部件 D

通过接触约束方式让装配部件 D 和组件的基准部件 A 面与面接触，如图 4.1.1-19 所示。

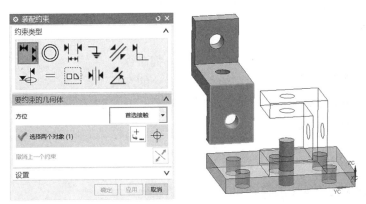

图 4.1.1-19　首选接触装配方法

通过接触方式让装配部件 D 和组件中的部件 B 侧面接触，如图 4.1.1-20 所示。

通过对齐方式让装配部件 D 和组件中的基准部件 A 侧面对齐，装配结束，如图 4.1.1-21 所示。

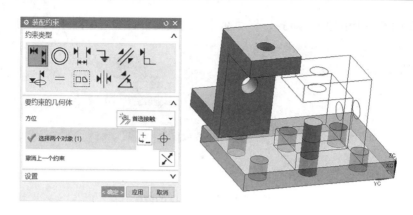

图 4.1.1-20 接触装配方法

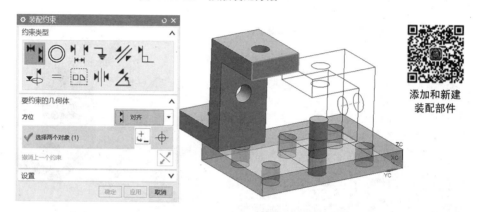

图 4.1.1-21 对齐装配方法

添加和新建装配部件

教学内容 4.1.2：装配特征中的移动和阵列命令

教学目标

知识目标：学会使用装配特征中的移动和阵列命令
技能目标：掌握装配特征中的移动和阵列命令的参数设置
素质目标：培养学生良好的职业道德
思想政治目标：传统文化教育

教学重点、难点

教学重点：装配特征中的移动和阵列命令的正确使用
教学难点：装配特征中的移动和阵列命令参数的设定

任务描述

利用所学的草图绘制知识，完成装配部件的零件实体绘制，通过装配约束完成各个部件的安装,通过移动和阵列方式装配具有规律性的部件,达到本任务的学习目标。

任务知识

例2:根据图 4.1.2-1 所示的装配部件,完成各个部件的装配。

图 4.1.2-1　装配部件

操作步骤 1. 选择装配部件的基准部件 A,如图 4.1.2-2、图 4.1.2-3 所示。

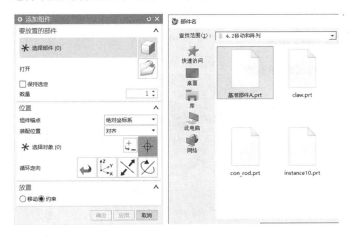

图 4.1.2-2　基准部件 A 的选择

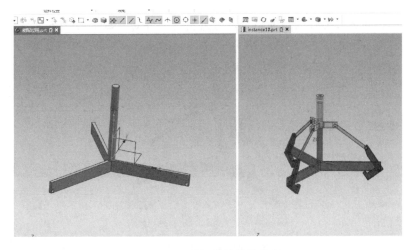

图 4.1.2-3　选择装配基准部件 A

操作步骤 2. 选择部件 B 装配到基准部件 A 上，如图 4.1.2-4 所示。

图 4.1.2-4　部件 B 的装配

注意：通过位置方式将部件 B 放置到基准部件 A 上，通过移动部件方式来调整部件 B 在基准部件 A 上的相对位置。这里也可以通过约束方式来确定装配相对位置。

操作步骤 3. 选择部件 C 装配到部件 B 上，通过同心方式和移动部件方式实现部件装配位置的确定，如图 4.1.2-5 所示。

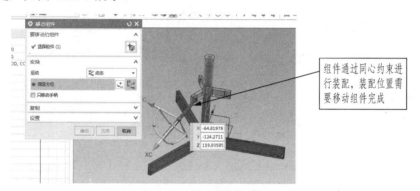

图 4.1.2-5　部件 C 的装配

操作步骤 4. 通过装配阵列组件指令，阵列特征部件 C，如图 4.1.2-6 所示。

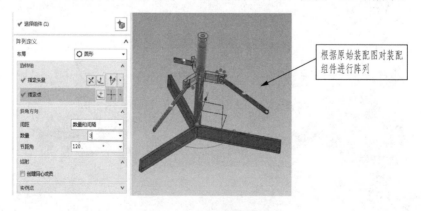

图 4.1.2-6　阵列部件 C

操作步骤 5. 选择部件 D 装配到基准部件 A 和部件 C 上，通过同心方式和移动部件方式来实现部件装配位置的确定，如图 4.1.2-7 所示。

图 4.1.2-7　装配部件 D

操作步骤 6. 通过阵列部件方法对部件 D 进行阵列装配，如图 4.1.2-8 所示。

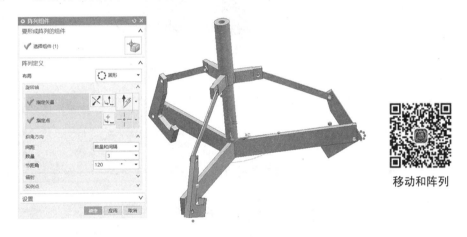

移动和阵列

图 4.1.2-8　阵列组件 D

任务 4.2　阀体装配设计

教学内容：装配特征命令的综合使用

教学目标

知识目标：学会选择和使用装配特征命令
技能目标：掌握装配特征命令的使用技巧和特点
素质目标：培养学生良好的职业道德
思想政治目标：培育自强不息的奋斗精神

教学重点：装配特征命令的选择
教学难点：装配特征命令的使用技巧

任务描述

利用所学的草图绘制知识，完成装配部件的零件实体绘制，运用装配命令，完成虎钳项目的正确装配和约束调试，达到本任务的学习目标。

任务知识

例3：根据装配示意图，完成虎钳部件装配任务，如图4.2.1-1所示。

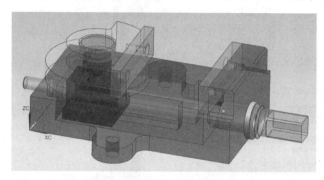

图 4.2.1-1　装配

操作步骤1. 选择虎钳的底座作为装配基准部件A，如图4.2.1-2所示。

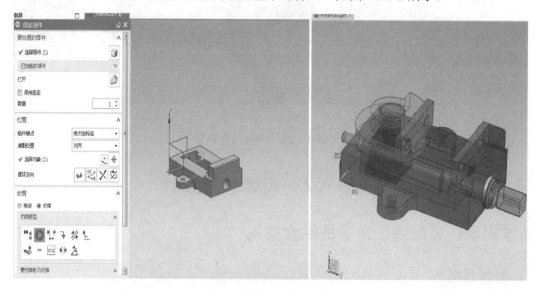

图 4.2.1-2　基准部件A的选择

装配方法：通过添加部件完成虎钳底座的选择，并选择放置位置。

操作步骤2. 选择螺母部件B装配在基准部件A的行程槽内，如图4.2.1-3所示。

项目四　装配设计

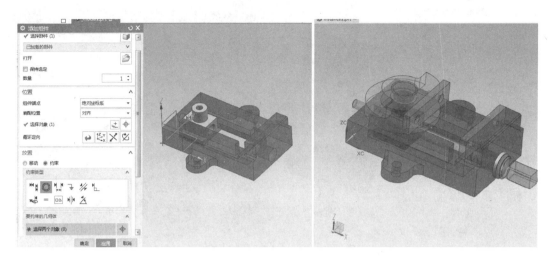

图 4.2.1-3　螺母部件 B 的装配

装配方法：选择螺母部件 B 后通过接触和同心约束来完成螺母部件 B 和基准部件 A 的装配，装配时注意右侧总装实体图各个部件的位置。

操作步骤 3. 通过对部件的放置位置和同心约束要求，完善垫片部件 C 的装配，如图 4.2.1-4 所示。

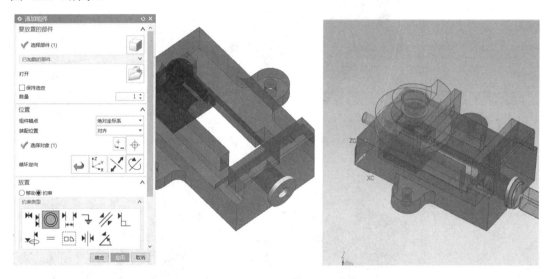

图 4.2.1-4　垫片部件 C 的装配

操作步骤 4. 根据总装图来完善丝杠部件 D 的装配，如图 4.2.1-5 所示。

装配方法：通过同心约束和移动方式来完成丝杠部件 D 的安装。

操作步骤 5. 安装活钳口基座 E，如图 4.2.1-6 所示。

装配方法：通过工件放置位置方式，选择活钳口基座 E 放置在总装上方。通过同心方式调整活钳口基座 E 与螺母部件 B 同心，通过旋转和平行约束活钳口基座 E 的方向位置。

操作步骤 6. 安装活钳口基座 E 压紧螺帽 F，如图 4.2.1-7 所示。

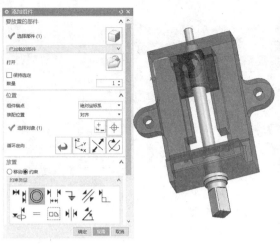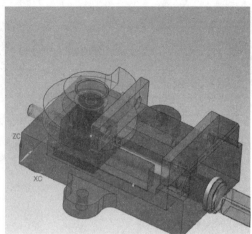

图 4.2.1-5 丝杠部件 D 的装配

图 4.2.1-6 活钳口基座 E 的装配

图 4.2.1-7 压紧螺帽 F 的装配

装配方法：通过同心方式安装活钳口螺帽 F。

操作步骤 7. 安装虎钳钳口 G，如图 4.2.1-8 所示。

装配方法：通过接触和同心方式将钳口 G 安装到基准部件 A 的钳口位置，再通过镜像装配方式将组件镜像到活钳口基座 E 的位置。

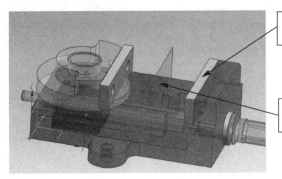

图 4.2.1-8　钳口 G 的装配

装配命令的综合使用

任务 4.3　装配爆炸图的创建

教学内容：装配爆炸图的创建及装配特征综合案例

教学目标

知识目标：学会使用装配特征中的各个约束装配命令和爆炸图生成
技能目标：掌握装配特征中的约束命令的正确使用方法
素质目标：培养学生良好的职业道德
思想政治目标：责任意识教育

教学重点、难点

教学重点：装配特征中约束指令的正确选择
教学难点：装配特征中约束指令参数的正确选择，爆炸图生成过程

任务描述

利用所学的装配约束方式完成三维装配，并作相应的爆炸效果图，达到本任务的学习目标。

任务知识

例 4：根据三维总装图完成部件的整体装配，并作相应的爆炸图，如图 4.3.1-1、图 4.3.1-2 所示。

图 4.3.1-1 装配　　　　　　　　　　图 4.3.1-2 装配爆炸

操作步骤 1. 完成装配基准部件 A 的安装，如图 4.3.1-3 所示。

图 4.3.1-3 基准部件 A 的装配

操作步骤 2. 安装活塞缸体 B，如图 4.3.1-4 所示。

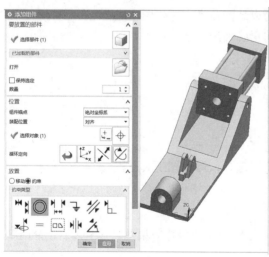

图 4.3.1-4 活塞缸体 B 的装配

装配方法：通过同心和接触方式装配活塞缸体 B。

操作步骤 3. 装配活塞杆 C，如图 4.3.1-5 所示。

装配方法：通过同心和移动方式安装活塞杆 C。

操作步骤 4. 装配角接件 D，如图 4.3.1-6 所示。

装配方法：通过同心方式安装角接件 D。

操作步骤 5. 装配连接件 E，如图 4.3.1-7 所示。

图 4.3.1-5　活塞杆 C 的装配

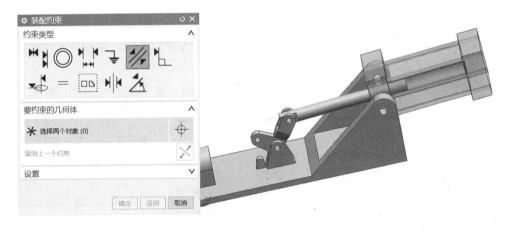

图 4.3.1-6　角接件 D 的装配

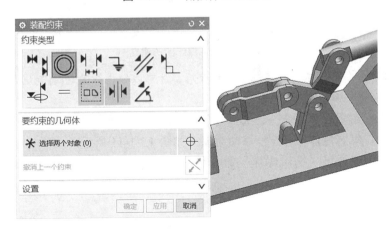

图 4.3.1-7　连接件 E 的装配

装配方法：通过同心将连接件 E 连接到角接件 D 上，并将一侧的工件通过镜像装配指令进行镜像。

操作步骤 6. 装配执行部件 F，如图 4.3.1-8 所示。

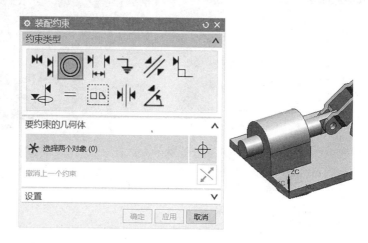

图 4.3.1-8　执行部件 F 的装配

装配方法：通过同心约束将执行部件 F 与基准部件 A 进行装配，用相同方法连接执行部件 F 和连接件 E。

操作步骤 7. 建立装配爆炸图，如图 4.3.1-9 所示。

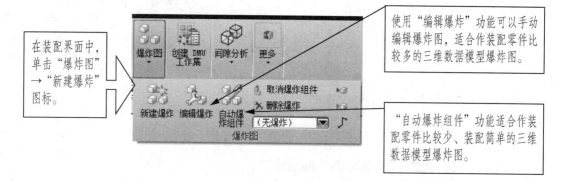

图 4.3.1-9　爆炸图的建立

注意：爆炸命令必须在"新建爆炸"指令后，才可以做爆炸运动(自动爆炸做不了爆炸运动)。

操作步骤 8. 编辑爆炸操作——选择对象，如图 4.3.1-10 所示。

操作步骤 9. 编辑爆炸操作——移动对象，如图 4.3.1-11 所示。

操作步骤 10. 通过"编辑爆炸"命令移动各个部件，实现爆炸效果，如图 4.3.1-12 所示。

项目四 装配设计

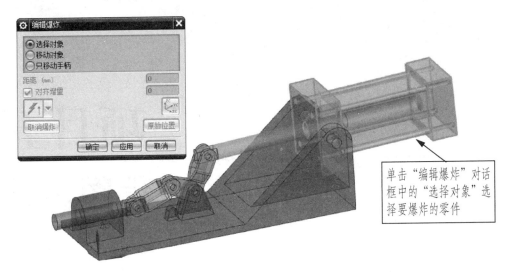

图 4.3.1-10 选择爆炸对象

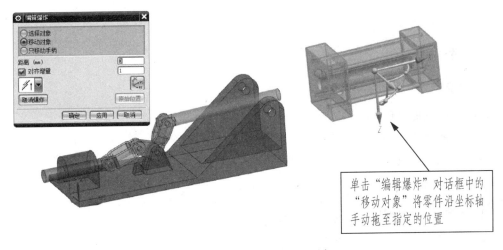

图 4.3.1-11 选择爆炸移动对象

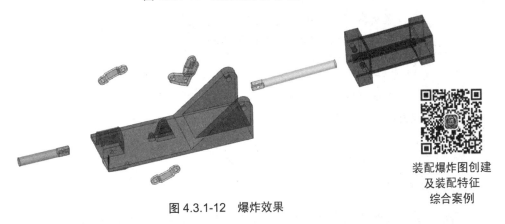

图 4.3.1-12 爆炸效果

装配爆炸图创建
及装配特征
综合案例

项目五
工程图设计

目标要求

1. 知识目标

(1) 熟练掌握工程图常用命令
(2) 有清晰的制图思路并能快速绘制
(3) 能独立完成工程图设计项目并总结

2. 能力目标

(1) 能正确利用制图命令创建工程图
(2) 能合理选用工程图的标注
(3) 能根据三维实体快速制作工程图
(4) 能通过查阅资料或讨论交流的方式获取所需信息
(5) 具有安全责任意识、良好的语言表达能力和团队合作精神

3. 素质目标

(1) 培养学生良好的职业道德
(2) 养成良好的团队协作的工作习惯
(3) 具备良好的服务意识
(4) 培养学生积极向上、健康阳光的心态

4. 思想政治目标

加强对学生的就业创业指导工作,注重专业能力培育、岗位能力培养、职业道德教育、职业行为养成,把对学生的安全意识、团队意识、协作精神教育以及提升应急处理能力,

落实到职业教育全过程、融入到实践教学之中。

教学重点、难点

1. 教学重点

(1) 工程图常用命令
(2) 命令快捷键的使用

2. 教学难点

(1) 工程图的标注正确性
(2) 独立完成工程图绘制项目并总结

任务 5.1 工程图管理

教学内容：制图特征中的图纸建立命令

教学目标

知识目标：学会使用工程图常用命令
技能目标：掌握创建和生成方法
素质目标：培养学生良好的职业道德
思想政治目标：职业行为养成

教学重点、难点

教学重点：掌握工程图的生成步骤和参数设定
教学难点：掌握工程图的生成过程的参数选择

任务描述

利用三维实体零件，完成二维图纸的生成和尺寸的标注，并对标题栏进行填写，达到本任务的学习目标。

任务知识

例 1：根据三维零件图，生成二维图，如图 5.1.1-1 所示。
操作步骤 1. 按快捷键 Ctrl+Shift+D 进入制图模块，如图 5.1.1-2 所示。

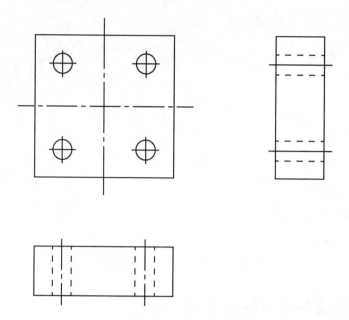

图 5.1.1-1　图纸

图 5.1.1-2　选择制图模块

操作步骤 2. 在制图模块内新建图纸页，如图 5.1.1-3 和图 5.1.1-4 所示。

操作步骤 3. 利用"视图导航器"制作二维图，如图 5.1.1-5、图 5.1.1-6、图 5.1.1-7、图 5.1.1-8、图 5.1.1-9 所示。

项目五　工程图设计

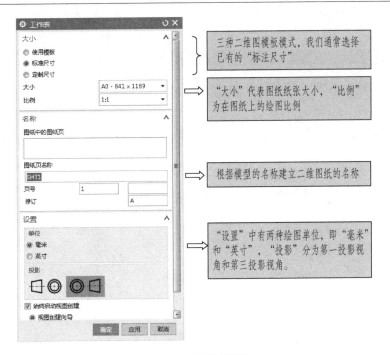

图 5.1.1-3　设置新建图纸参数

图 5.1.1-4　显示图纸

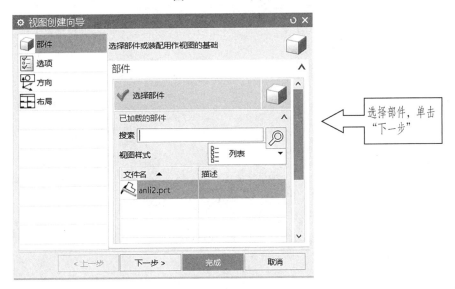

图 5.1.1-5　选择部件

图 5.1.1-6　显示线型

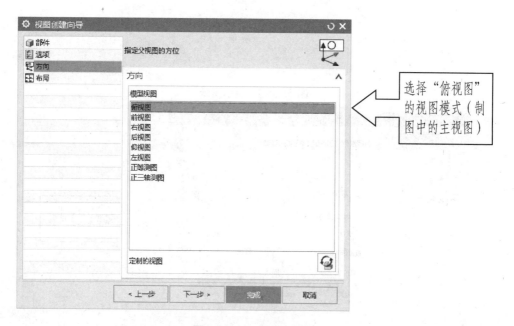

图 5.1.1-7　选择俯视图

项目五　工程图设计

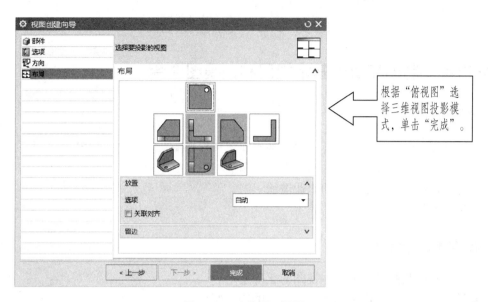

图 5.1.1-8　选择三视图

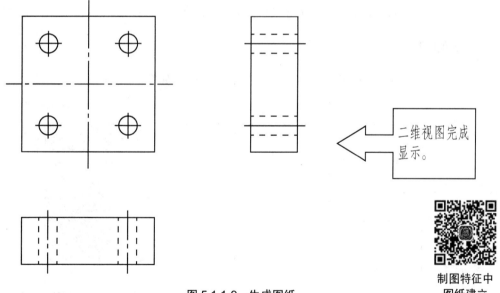

图 5.1.1-9　生成图纸

制图特征中
图纸建立

注意：图纸的标题栏需要通过制图模块中的草图绘制功能来完成。

任务 5.2　创建视图

教学内容：制图模块的基本视图和剖视图命令

教学目标

知识目标：学会使用制图模块中的基本视图和剖视图功能生成二维图
技能目标：掌握制图模块中的基本视图和剖视图生成过程
素质目标：培养学生良好的职业道德
思想政治目标：团队意识培养

教学重点、难点

教学重点：制图模块中基本视图的正确使用
教学难点：制图模块中剖视图剖切线的绘制要点

任务描述

利用基本视图知识，完成将实体转换为二维图纸的操作过程，达到本任务的学习目标。

任务知识

例 2：根据制图模块中的基本视图命令生成二维图，如图 5.2.1-1 所示。

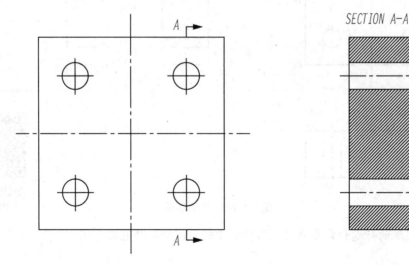

图 5.2.1-1　零件图纸

操作步骤 1. 选择制图模块中的"基本视图"命令，在打开的对话框中进行设置，如图 5.2.1-2 和图 5.2.1-3 所示。

项目五　工程图设计

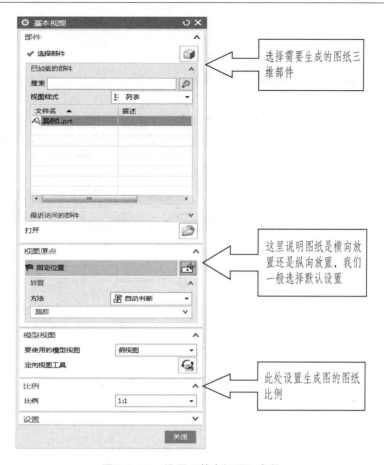

图 5.2.1-2　设置"基本视图"参数

图 5.2.1-3　设置"投影视图"参数

操作步骤 2. 选择工具栏中的"剖切线"命令，绘制需要剖切的剖切草图，如图 5.2.1-4、图 5.2.1-5、图 5.2.1-6 所示。

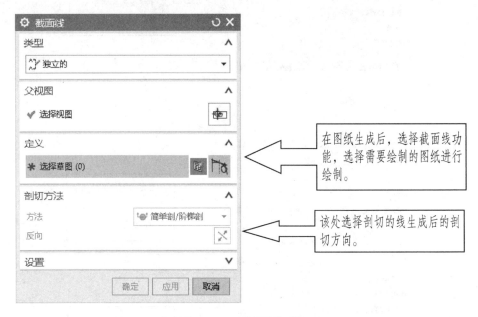

图 5.2.1-4 选择剖切线

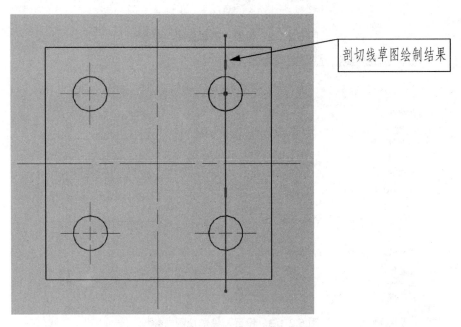

图 5.2.1-5 剖切线草图

通过剖面线 ▨ 命令绘制剖面线。

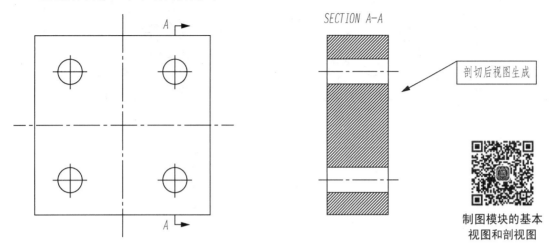

图 5.2.1-6　生成图纸

任务 5.3　编辑工程图

教学内容：三维图转换 DWG 模式的二维图尺寸标注

教学目标

知识目标：学会使用二维图转换功能命令
技能目标：掌握制图模式 DWG 的生成过程
素质目标：培养学生良好的职业道德
思想政治目标：协作精神养成

教学重点、难点

教学重点：制图模式下二维图的转换过程参数设定
教学难点：图纸转换时参数的设定

任务描述

利用所学制图知识完成二维图生成，配合制图软件进行尺寸编辑，达到本任务的学习目标。

任务知识

例 3：根据图 5.3.1-1 所示的内容，绘制出三维实体，并生成二维图。
操作步骤 1. 根据图纸内容绘制三维实体，如图 5.3.1-2 所示。
操作步骤 2. 三维实体通过制图模式生成线框二维图，如图 5.3.1-3 所示。

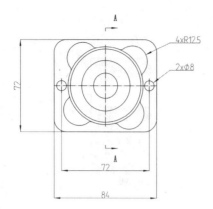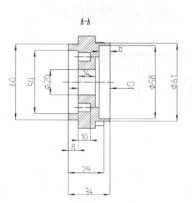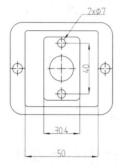

图 5.3.1-1　二维图

图 5.3.1-2　三维实体

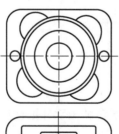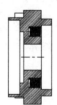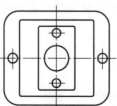

图 5.3.1-3　线框二维图

操作步骤 3. 导出二维图格式为 DWG 模式，选择"文件"→"导出"命令，选择图纸格式"DWG"，如图 5.3.1-4 所示。

图 5.3.1-4　选择 DWG 模式

操作步骤 4. 确定要导出的图纸和存储位置，如图 5.3.1-5 所示。

图 5.3.1-5　设置图纸存储位置

操作步骤 5. 确认导出的模式是"图纸"模式，如图 5.3.1-6 所示。

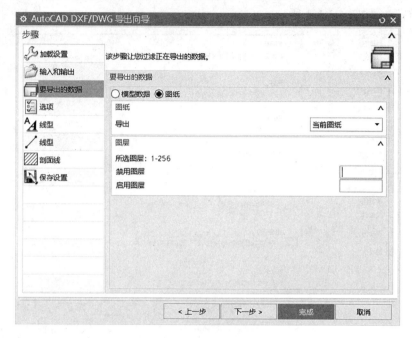

图 5.3.1-6　选择导出"图纸"模式

操作步骤 6. 确认图纸的线条样式，如图 5.3.1-7 所示。

图 5.3.1-7　确认图纸的线条样式

操作步骤 7. 确认图纸中"文本"的线条样式，如图 5.3.1-8 所示。

图 5.3.1-8　确认文本的线条样式

操作步骤 8. 确认导出图纸的"线型"样式，如图 5.3.1-9 所示。

图 5.3.1-9　确认"线型"样式

操作步骤 9. 确认导出图纸的"剖面线"样式，如图 5.3.1-10 所示。

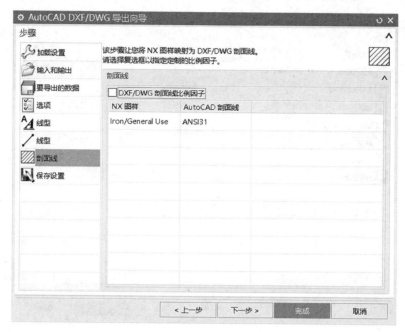

图 5.3.1-10 确认"剖面线"的样式

操作步骤 10. 决定设置的参数是否做"样式"进行保存，一般我们不做保存，如图 5.3.1-11 所示。

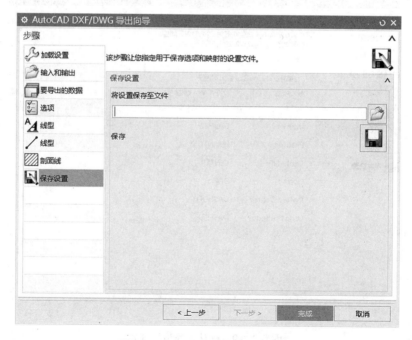

图 5.3.1-11 以模板模式进行保存

操作步骤 11. 确认后单击"完成"按钮软件自动生成图纸模式。图 5.3.1-12 所示为生成图纸的过程运算，运算结束后该窗口自动关闭。

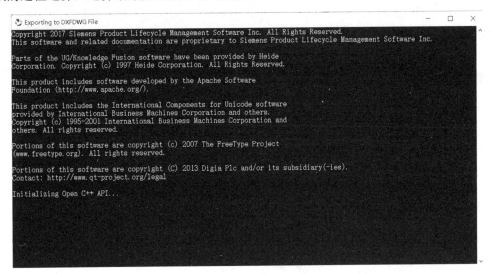

图 5.3.1-12　图纸导出计算

操作步骤 12. 我们通过 CAXA 电子图版打开图纸并进行标注(可以选择自己熟悉的 CAD 软件进行标注)，完成标注的图纸如图 5.3.1-13 所示。

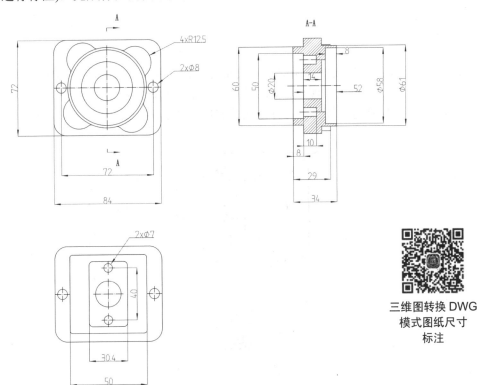

三维图转换 DWG
模式图纸尺寸
标注

图 5.3.1-13　完成图纸标注

任务 5.4　工程图标注及实例

教学内容：图纸标注命令

教学目标

知识目标：学会使用图纸标注命令对二维图进行尺寸标注
技能目标：掌握制图模块中的尺寸标注命令的使用方法
素质目标：培养学生良好的职业道德
思想政治目标：职业行为锻炼

教学重点、难点

教学重点：制图模块中尺寸标注命令的正确使用
教学难点：制图模块中尺寸标注命令参数的设定

任务描述

利用所学的尺寸标注功能将图纸的尺寸进行完善，标注要清晰明了，达到本任务的学习目标。

任务知识

例 4：根据提示完成二维图纸的生成和尺寸的标注，如图 5.4.1-1 所示。
操作步骤 1. 根据所学课程知识生成相对应的三视图，如图 5.4.1-2 所示。
操作步骤 2. 选择与图纸尺寸标注相关的功能键来完成图纸尺寸标注，如图 5.4.1-3 所示。

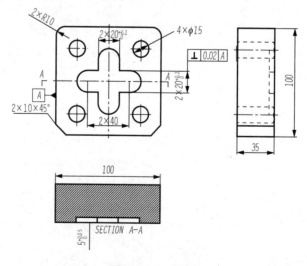

图 5.4.1-1　图纸

项目五 工程图设计

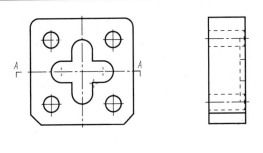

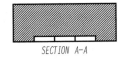

图 5.4.1-2 三视图

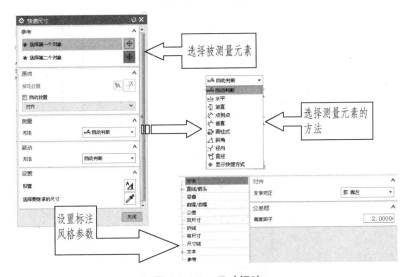

图 5.4.1-3 尺寸标注

操作步骤 3. 填写相关的尺寸数据，了解填写尺寸参数表格，如图 5.4.1-4、图 5.4.1-5 所示。

操作步骤 4. 图纸形位公差标注过程如图 5.4.1-6 所示。

：选择测量方法。　：选择公差模式。

：检测尺寸。　：被测量值放置方式。

：编辑附加文本。　：参考尺寸。

：文本设置。　：小数点保留。

图 5.4.1-4 基本尺寸标注详解

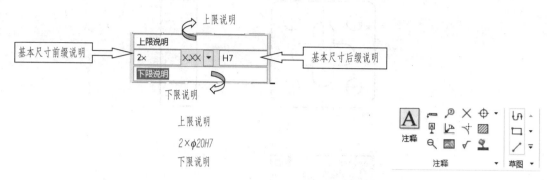

图 5.4.1-5 形位公差尺寸标注详解　　　图 5.4.1-6 注释标注

例4：图纸制作完成，如图 5.4.1-7 所示。

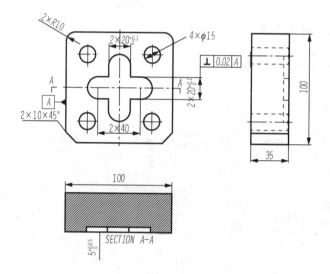

图 5.4.1-7 例4 图纸完成

图纸标注

项目六 数控加工

目标要求

1. 知识目标

(1) 掌握 UG NX 数控加工的一般过程
(2) 掌握面铣加工技术
(3) 掌握型腔铣加工技术
(4) 掌握固定轴曲面轮廓铣加工技术
(5) 能独立完成零件设计项目并总结

2. 能力目标

(1) 能根据零件正确设置刀具路径
(2) 能正确设置加工参数
(3) 能通过查阅资料或讨论交流的方式获取所需信息
(4) 具有责任意识和团队合作精神

3. 素质目标

(1) 培养学生良好的职业道德
(2) 养成良好的团队协作的工作习惯
(3) 具备良好的服务意识
(4) 培养学生积极向上、健康阳光的心态

4. 思想政治目标

引导和教育学生牢固树立正确的思想，养成良好的道德品质，树立高尚的理想情操，

掌握扎实的科学文化知识和专业知识，在学习、生活和人际交往中养成良好的行为习惯，自觉遵守"文明礼貌、助人为乐、爱护公德、保护环境、遵纪守法"的社会公德，形成文明高雅的个人品质和行为规范。

教学重点、难点

1．教学重点

(1) 平面加工指令常用命令
(2) 型腔铣加工指令常用命令

2．教学难点

(1) 加工思路清晰并能快速生成程序
(2) 独立完成零件加工

任务 6.1　平面铣加工技术

教学内容 6.1.1：底壁铣底面加工及参数设定

教学目标

知识目标：学会使用底壁铣底面加工功能完成平面加工
技能目标：掌握底壁铣底面加工功能完成底壁铣参数的设置方法
素质目标：培养学生良好的职业道德
思想政治目标：养成良好的道德品质

教学重点、难点

教学重点：掌握底壁铣底面加工功能的正确使用方法
教学难点：掌握底壁铣底面加工功能参数的设置方法

任务描述

利用学习的建模指令完成数模的建立，利用新学习的底壁铣加工指令及相关参数的设置，生成加工刀具轨迹，进行后置处理，生成加工程序，完成正方体的上表面加工，达到本任务的学习目标。

任务知识

例 1：完成正方体的上表面铣削加工，图纸如图 6.1.1-1 所示。
操作步骤 1. 在建模模式选择"文件"→"启动"→"加工"命令，进入加工模式，弹出"加工环境"对话框，如图 6.1.1-2 所示。

操作步骤 2. 选择"资源条选项"中的"工序导航器-程序顺序",如图 6.1.1-3 所示。

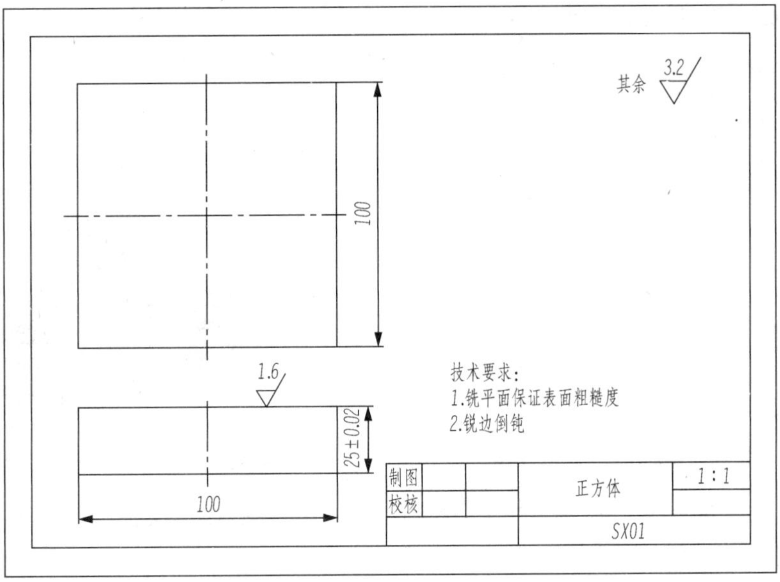

图 6.1.1-1　正方体图纸

图 6.1.1-2　"加工环境"对话框

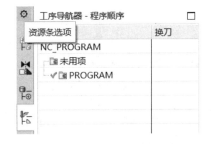

图 6.1.1-3　"工序导航器"对话框

操作步骤 3. 在工序导航器中的空白位置,单击右键可以切换视图界面,选择"几何视图",选项如图 6.1.1-4 所示。

操作步骤 4. 在几何视图中,选择 MCS_MILL 选项,如图 6.1.1-5 所示。

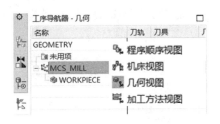

图 6.1.1-4　选择"几何视图"选项

图 6.1.1-5　选择"MCS-MILL"选项

操作步骤 5. 在"MCS 铣削"对话框中指定 MCS,如图 6.1.1-6 所示。

操作步骤 6. 在零件上拾取坐标,并进行调整,Z 轴正方向垂直工件上表面,并正确摆放 X、Y 坐标方向，以符合机床坐标系，如图 6.1.1-7 所示。

图 6.1.1-6 "MCS 铣削"对话框

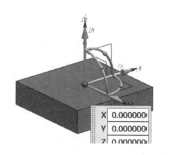

图 6.1.1-7 在工件上拾取坐标

操作步骤 7. 选择 WORKPIECE 中的工件并右击，在弹出的快捷菜单中选择"工件"命令，打开"工件"对话框，如图 6.1.1-8 所示。

操作步骤 8. 单击 图标指定工件，如图 6.1.1-9 所示。

图 6.1.1-8 "工件"对话框

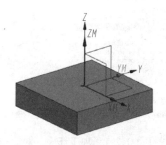

图 6.1.1-9 被选中的工件

操作步骤 9. 单击 图标指定毛坯，弹出"毛坯几何体"对话框，如图 6.1.1-10 所示。

操作步骤 10. 在"毛坯几何体"对话框中选择"包容块"，如图 6.1.1-11 所示。

图 6.1.1-10 "毛坯几何体"对话框

图 6.1.1-11 在"毛坯几何体"对话框中选择"包容块"选项

操作步骤 11. 在"ZM+"中填写"1.0000",如图 6.1.1-12 所示。
操作步骤 12. 工件上包容块的显示,如图 6.1.1-13 所示。

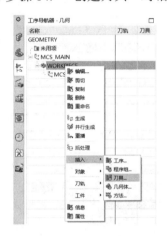

图 6.1.1-12 设置包容块参数

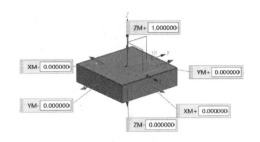

图 6.1.1-13 工件上包容块的显示

操作步骤 13. 单击"确定"按钮完成指定部件和毛坯的过程。

在导航器中,在 WORKPIECE 上右击,在弹出的快捷菜单中,选择"插入"→"刀具"命令,如图 6.1.1-14 所示。

操作步骤 14. "创建刀具"对话框,如图 6.1.1-15 所示。

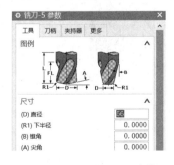

图 6.1.1-14 选择"刀具"命令

图 6.1.1-15 "创建刀具"对话框

操作步骤 15. 创建刀具参数如图 6.1.1-16 所示,刀具直径为 56mm,面铣刀。

操作步骤 16. 在导航器中,在 WORKPIECE 右击,在弹出的快捷菜单中,选择"插入"→"工序"命令,如图 6.1.1-17 所示。

图 6.1.1-16 设置刀具参数

图 6.1.1-17 选择"工序"命令

操作步骤 17. 在"工序子类型"中单击"底壁铣"图标，如图 6.1.1-18 所示。
操作步骤 18. 底壁铣的参数设置如图 6.1.1-19 所示。

图 6.1.1-18　"底壁铣"对话框

图 6.1.1-19　设置"底壁铣"的参数

操作步骤 19. 单击 图标指定切削区底面，如图 6.1.1-20 所示。
操作步骤 20. 单击 图标生成刀具轨迹，如图 6.1.1-21 所示。

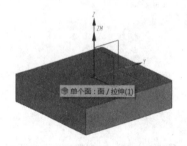

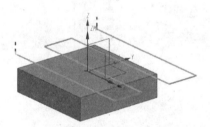

图 6.1.1-20　指定切削区底面

图 6.1.1-21　生成刀具轨迹

操作步骤 21. 单击 图标弹出"刀轨可视化"对话框，单击"播放"按钮，如图 6.1.1-22 所示。

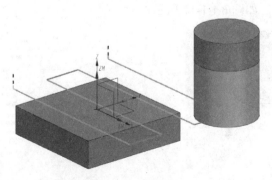

图 6.1.1-22　仿真的刀具轨迹

操作步骤 22. 单击"确定"按钮完成刀具轨迹的制定。

操作步骤 23. 在导航器中，在刀具轨迹上用鼠标右键单击，选择"后处理"命令，如图 6.1.1-23 所示。

操作步骤 24. 进入"后处理"对话框，选择 MILL_3_AXIS 选项，选择输出路径，设置单位为"公制/部件"，如图 6.1.1-24 所示。

操作步骤 25. 生成程序并进行修改，如图 6.1.1-25 所示。

底壁铣底面加工

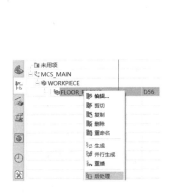  

图 6.1.1-23　选择"后处理"命令　　图 6.1.1-24　设置"后处理"参数　　图 6.1.1-25　生成程序

教学内容 6.1.2：底壁铣侧壁加工

教学目标

知识目标：学会使用底壁铣侧壁加工功能完成数模加工
技能目标：掌握底壁铣侧壁加工功能参数的设置方法
素质目标：培养学生良好的职业道德
思想政治目标：树立高尚的理想情操

教学重点、难点

教学重点：掌握底壁铣侧壁加工功能的正确使用方法
教学难点：掌握底壁铣侧壁加工功能参数的设置方法

任务描述

利用学习的建模指令完成数模的建立，利用新学习的底壁铣加工指令，完成侧壁加工及相关参数的设置，生成加工刀具轨迹，进行后处理，生成加工程序，完成凸台零件侧壁加工，达到本任务的学习目标。

任务知识

例 2：按图纸建模采用底壁铣命令，进行侧壁加工，如图 6.1.2-1 所示。

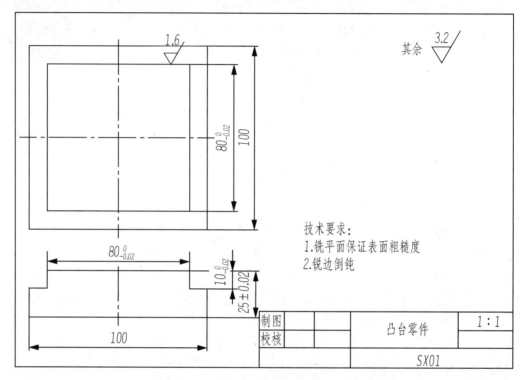

图 6.1.2-1　凸台零件图纸

操作步骤 1. 在建模模式选择"文件"→"启动"→"加工"命令，进入加工模式，弹出"加工环境"对话框，如图 6.1.2-2 所示。

操作步骤 2. 选择"资源条选项"中的"工序导航器-程序顺序"，如图 6.1.2-3 所示。

图 6.1.2-2　"加工环境"对话框

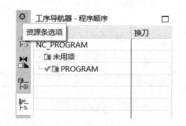

图 6.1.2-3　"工序导航器"对话框

操作步骤 3. 在工序导航器中的空白位置，单击右键可以切换视图界面，选择"几何视图"选项，如图 6.1.2-4 所示。

操作步骤 4. 在几何视图中，选择 MCS_MILL 选项，如图 6.1.2-5 所示。

项目六　数控加工

图 6.1.2-4　选择"几何视图"选项

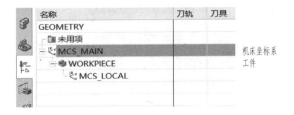

图 6.1.2-5　选择 MCS_MILL 选项

操作步骤 5. 在"MCS 铣削"对话框中指定 MCS，如图 6.1.2-6 所示。

操作步骤 6. 在零件上拾取坐标，并进行调整，Z 轴正方向垂直工件上表面，并正确摆放 X、Y 坐标方向，以符合机床坐标系，如图 6.1.2-7 所示。

图 6.1.2-6　"MCS 铣削"对话框

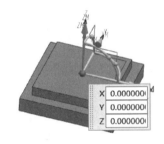

图 6.1.2-7　在工件上拾取坐标

操作步骤 7. 选择 WORKPIECE 中的工件并右击，在弹出的快捷菜单中选择"工件"命令，打开"工件"对话框，如图 6.1.2-8 所示。

操作步骤 8. 单击图标指定工件，如图 6.1.2-9 所示。

图 6.1.2-8　"工件"对话框

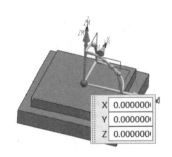

图 6.1.2-9　被选中的工件

操作步骤 9. 单击图标指定毛坯，弹出"毛坯几何体"对话框，如图 6.1.2-10 所示。

操作步骤 10. 在"毛坯几何体"对话框中选择"包容块"，如图 6.1.2-11 所示。

图 6.1.2-10 "毛坯几何体"对话框

图 6.1.2-11 在"毛坯几何体"对话框中选择"包容块"选项

操作步骤 11. "包容块"参数设置如图 6.1.2-12 所示。

操作步骤 12. 工件上包容块的显示，如图 6.1.2-13 所示。

操作步骤 13. 单击"确定"按钮，完成指定部件和毛坯的过程。在导航器中，在 WORKPIECE 上右击，在弹出的快捷菜单中，选择"插入"→"刀具"命令，如图 6.1.2-14 所示。

操作步骤 14. "创建刀具"对话框如图 6.1.2-15 所示。

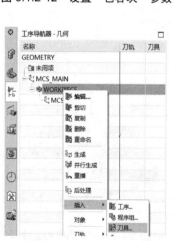

图 6.1.2-12 设置"包容块"参数

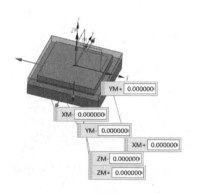

图 6.1.2-13 工件上包容块的显示

图 6.1.2-14 选择"刀具"命令　　　　图 6.1.2-15 "创建刀具"对话框

操作步骤 15. 创建刀具参数如图 6.1.2-16 所示，刀具直径为 12mm。

操作步骤 16. 在导航器中，在 WORKPIECE 上右击，在弹出的快捷菜单中，选择"插入"→"工序"命令,如图 6.1.2-17 所示。

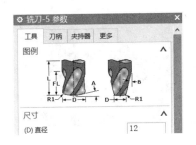

图 6.1.2-16 创建刀具参数

图 6.1.2-17 选择"工序"命令

操作步骤 17. 单击底壁铣图标,如图 6.1.2-18 所示。

操作步骤 18. 在打开的对话框中,设置底壁铣参数,将"切削区域空间范围"设置为"壁","切削模式"设置为"跟随周边",底面毛坯厚度设置为"10",将"每刀切削深度设置为"0.5",如图 6.1.2-19 所示。

图 6.1.2-18 底壁铣

图 6.1.2-19 设置"底壁铣"的参数

操作步骤 19. 单击 图标指定切削区底面,如图 6.1.2-20 所示。

操作步骤 20. 单击 图标指定壁几何体,如图 6.1.2-21 所示。

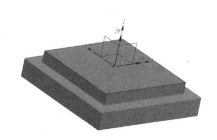

图 6.1.2-20 指定切削区底面

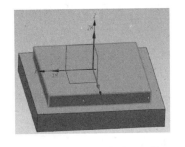

图 6.1.2-21 指定壁几何体

操作步骤 21. 单击 图标生成刀具轨迹,如图 6.1.2-22 所示。

操作步骤 22. 单击 图标弹出"刀轨可视化"对话框，单击 "播放"，如图 6.1.2-23 所示。

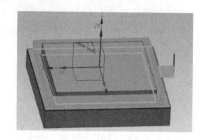

图 6.1.2-22　生成刀具轨迹

图 6.1.2-23　"刀具可视化"对话框

操作步骤 23. 单击"确定"按钮完成刀具轨迹的制定。

操作步骤 24. 在导航器中，在刀具轨迹上用鼠标右键单击，在弹出的快捷菜单中，选择"后处理"命令，如图 6.1.2-24 所示。

操作步骤 25. 进入"后处理"对话框，选择 MILL_3_AXIS 选项、选择输出路径，设置单位为"公制/部件"，如图 6.1.2-25 所示。

底壁铣侧壁加工

操作步骤 26. 生成程序并进行修改，如图 6.1.2-26 所示。

图 6.1.2-24　选择"后处理"命令　　图 6.1.2-25　设置"后处理"参数　　图 6.1.2-26　生成程序

教学内容 6.1.3：侧壁精加工

教学目标

知识目标：学会使用侧壁精加工功能完成数模的侧壁精加工

138

技能目标：掌握侧壁精加工功能参数的设置方法
素质目标：培养学生良好的职业道德
思想政治目标：实现良好文化素养的养成

教学重点、难点

教学重点：学会使用侧壁精加工功能完成侧壁精加工
教学难点：掌握侧壁精加工功能参数的设置方法

任务描述

利用学习的建模指令完成数模的建立，利用新学习的侧壁精加工指令及相关参数的设置，生成加工刀具轨迹，进行后置处理生成，加工程序，完成凸台零件侧壁精加工，达到本任务的学习目标。

任务知识

例3：按图纸建模进行侧壁精加工，如图6.1.3-1所示。

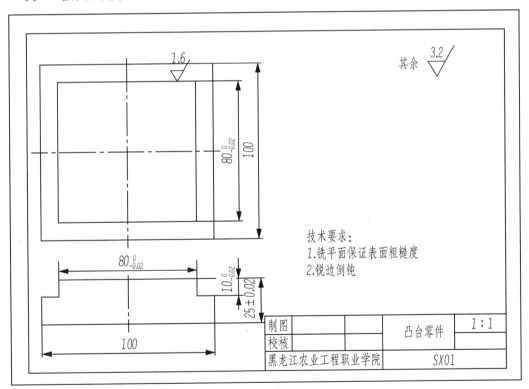

图 6.1.3-1　凸台零件图纸

操作步骤1. 在建模模式选择"文件"→"启动"→"加工"命令，进入加工模式，弹出"加工环境"对话框，如图6.1.3-2所示。

操作步骤2. 选择"资源条选项"中的"工序导航器-程序顺序"，如图6.1.3-3所示。

图6.1.3-2 "加工环境"对话框

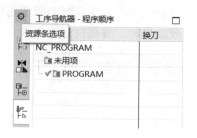

图6.1.3-3 "工序导航器"对话框

操作步骤3. 在工序导航器中的空白位置，单击右键可以切换视图界面，选择"几何视图"选项，如图6.1.3-4所示。

操作步骤4. 在几何视图中，选择"MCS_MAIN"选项，如图6.1.3-5所示。

图6.1.3-4 选择"几何视图"选项

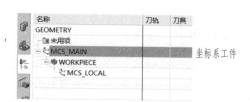

图6.1.3-5 选择"MCS_MAIN"选项

操作步骤5. 在"MCS铣削"对话框中指定MCS，如图6.1.3-6所示。

操作步骤6. 在零件上拾取坐标并进行调整，Z轴正方向垂直工件上表面，并正确摆放X、Y坐标方向，符合机床坐标系，如图6.1.3-7所示。

图6.1.3-6 在"MCS铣削"对话框中指定MCS

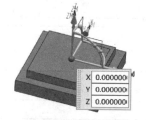

图6.1.3-7 在工件上拾取坐标

操作步骤7. 选择WORKPIECE中的工件并右击，在弹出的快捷菜单中选择"工件"命令，打开"工件"对话框，如图6.1.3-8所示。

操作步骤8. 单击 图标指定工件，如图6.1.3-9所示。

图 6.1.3-8 "工件"对话框

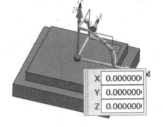

图 6.1.3-9 被选中的工件

操作步骤 9. 单击⊗图标指定毛坯,弹出"毛坯几何体"对话框,如图 6.1.3-10 所示。

操作步骤 10. 在"毛坯几何体"对话框中选择"包容块",如图 6.1.3-11 所示。

图 6.1.3-10 "毛坯几何体"对话框

图 6.1.3-11 在"毛坯几何体"对话框中选择"包容块"选项

操作步骤 11. 包容块的参数设置如图 6.1.3-12 所示。

操作步骤 12. 工件上包容块的显示,如图 6.1.3-13 所示。

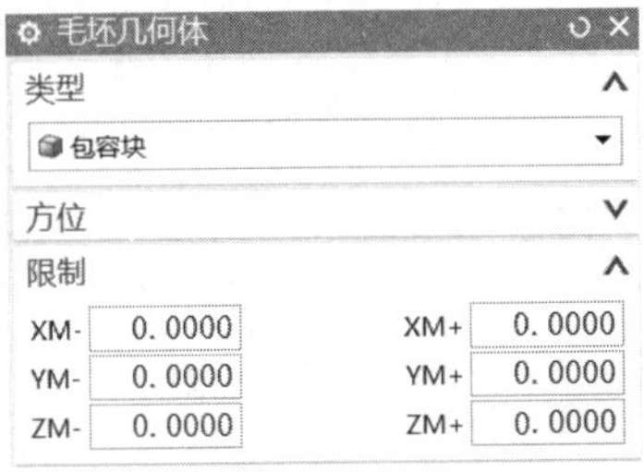

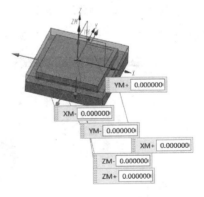

图 6.1.3-12 设置"包容块"参数

图 6.1.3-13 工件上包容块的显示

操作步骤 13. 单击"确定"按钮完成指定工件和毛坯的过程。在导航器中,在 WORKPIECE 上右击,在弹出的快捷菜单中,选择"插入"→"刀具"命令,如图 6.1.3-14 所示。

操作步骤 14. "创建刀具"对话框，如图 6.1.3-15 所示。

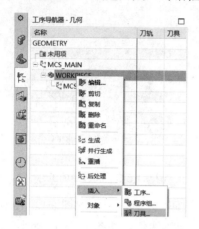

图 6.1.3-14 选择"刀具"命令

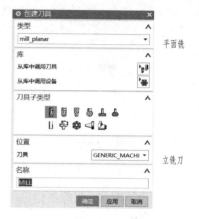

图 6.1.3-15 "创建刀具"对话框

操作步骤 15. 创建刀具参数如图 6.1.3-16 所示，刀具直径为 12mm，面铣刀。

操作步骤 16. 在导航器中，在 WORKPIECE 上右击，在弹出的快捷菜单中，选择"插入"→"工序"命令，如图 6.1.3-17 所示。

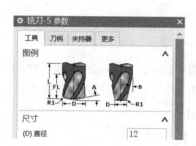

图 6.1.3-16 创建刀具参数

图 6.1.3-17 选择"工序"命令

操作步骤 17. "工序子类型"选择精铣壁，如图 6.1.3-18 所示。

图 6.1.3-18 选择精铣壁

操作步骤 18. 在图 6.1.3-19 中设置精铣壁参数。
操作步骤 19. 单击 图标指定工件边界，如图 6.1.3-20 所示。

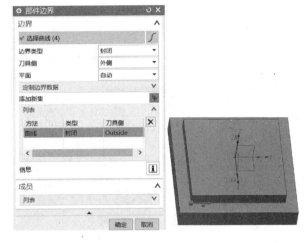

图 6.1.3-19　设置精铣壁参数　　　　图 6.1.3-20　指定工件边界

操作步骤 20. 选择 图标指定毛坯边界，如图 6.1.3-21 所示。

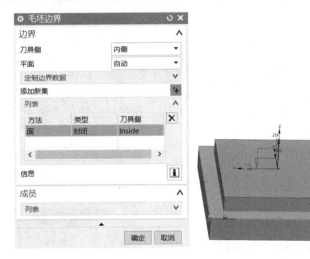

图 6.1.3-21　指定毛坯边界

操作步骤 21. 选择 图标指定底面，如图 6.1.3-22 所示。
操作步骤 22. 单击"切削参数"图标，在"余量"选项卡中将"最终底面余量"设置为"0.25"，如图 6.1.3-23 所示。
操作步骤 23. 单击 图标生成刀具轨迹，如图 6.1.3-24 所示。

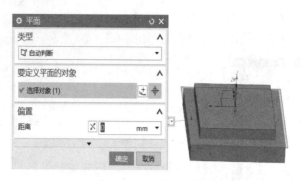

图 6.1.3-22　指定底面

图 6.1.3-23　设置切削参数

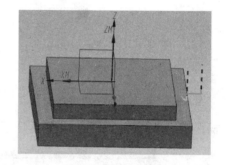

图 6.1.3-24　生成刀具轨迹

操作步骤 24. 单击 图标确定，单击 图标播放，如图 6.1.3-25 所示。

操作步骤 25. 单击"确定"按钮完成刀具轨迹的制定。

操作步骤 26. 在导航器中，在刀具轨迹上右击，在弹出的快捷菜单中，选择"后处理"命令，如图 6.1.3-26 所示。

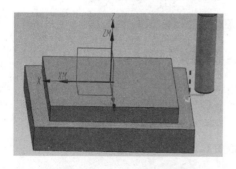

图 6.1.3-25　仿真的刀具轨迹

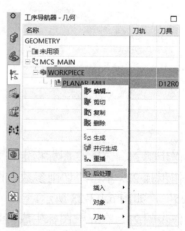

图 6.1.3-26　选择"后处理"命令

操作步骤 27. 进入"后处理"对话框，选择"MILL_3_AXIS"选项，选择输出路径，设置单位为"公制/部件"，如图 6.1.3-27 所示。

操作步骤 28. 生成程序并进行修改，如图 6.1.3-28 所示。

图 6.1.3-27 设置"后处理"参数

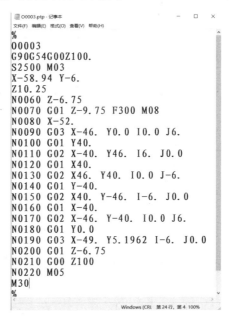

图 6.1.3-28 生成程序

侧壁精加工

教学内容 6.1.4：底面精加工

教学目标

知识目标：学会使用底面精加工功能完成数模底面精加工
技能目标：掌握底面精加工功能参数的设置方法
素质目标：培养学生良好的职业道德
思想政治目标：实现良好行为习惯的养成

教学重点、难点

教学重点：学会使用底面精加工功能完成数模底面精加工
教学难点：掌握底面精加工功能参数的设置方法

任务描述

利用学习的建模指令完成数模的建立，利用新学习的底面精加工指令及相关参数的设置，生成加工刀具轨迹，进行后置处理，生成加工程序，完成凸台零件底面精加工，达到本任务的学习目标。

任务知识

例 4：按图纸建模进行底面精加工，如图 6.1.4-1 所示。

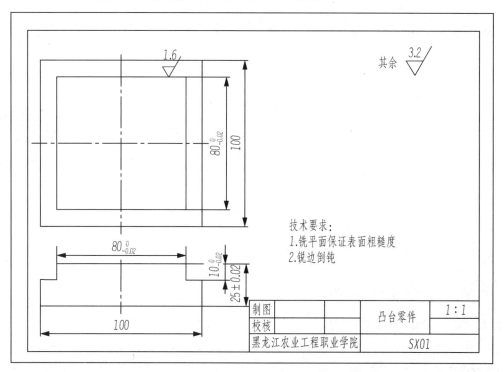

图 6.1.4-1　凸台零件图纸

操作步骤 1. 在建模模式下选择"文件"→"启动"→"加工"命令，进入加工模式，弹出"加工环境"对话框，如图 6.1.4-2 所示。

操作步骤 2. 选择"资源条选项"中的"工序导航器-程序顺序"，如图 6.1.4-3 所示。

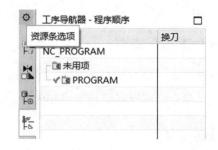

图 6.1.4-2　"加工环境"对话框　　　图 6.1.4-3　"工序导航器"对话框

操作步骤 3. 在工序导航器中的空白位置右击，可切换视图界面，选择"几何视图"选项，如图 6.1.4-4 所示。

操作步骤 4. 在几何视图中，选择 MCS_MILL 选项，如图 6.1.4-5 所示。

项目六 数控加工

图 6.1.4-4 选择"几何视图"选项　　　　图 6.1.4-5 选择 MCS_MILL 选项

操作步骤 5. 在"MCS 铣削"对话框中指定 MCS，如图 6.1.4-6 所示。

操作步骤 6. 在零件上拾取坐标并进行调整，Z 轴正方向垂直工件上表面，正确摆放 X、Y 坐标轴方向，符合机床坐标系，如图 6.1.4-7 所示。

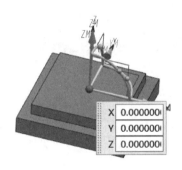

图 6.1.4-6 在"MCS 铣削"对话框中指定 MCS　　　图 6.1.4-7 在工件上拾取坐标

操作步骤 7. 选择 WORKPIECE 下的工件并右击，在弹出的快捷菜单中选择"工件"命令，打开"工件"对话框，如图 6.1.4-8 所示。

操作步骤 8. 单击 图标指定工件，如图 6.1.4-9 所示。

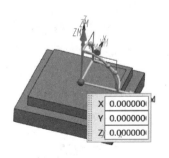

图 6.1.4-8 "工件"对话框　　　　　　图 6.1.4-9 被选中的工件

操作步骤 9. 单击 图标指定毛坯，弹出"毛坯几何体"对话框，如图 6.1.4-10 所示。

操作步骤 10. 在"毛坯几何体"对话框中，选择"包容块"选项，如图 6.1.4-11 所示。

图 6.1.4-10 "毛坯几何体"对话框

图 6.1.4-11 在"毛坯几何体"对话框中选择"包容块"选项

操作步骤 11. 设置包容块参数如图 6.1.4-12 所示。

操作步骤 12. 工件上包容块的显示如图 6.1.4-13 所示。

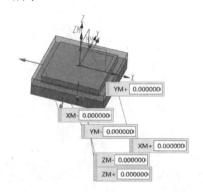

图 6.1.4-12 设置"包容块"参数   图 6.1.4-13 工件上包容块的显示

操作步骤 13. 单击"确定"按钮完成指定工件、毛坯的过程。在导航器中，在 WORKPIECE 上右击，在弹出的快捷菜单中，选择"插入"→"刀具"命令，如图 6.1.4-14 所示。

操作步骤 14. 弹出"创建刀具"对话框，如图 6.1.4-15 所示。

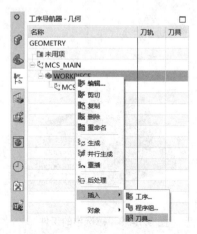

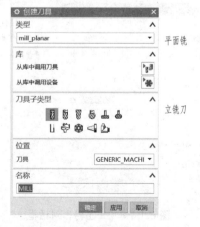

图 6.1.4-14 选择"刀具"命令   图 6.1.4-15 "创建刀具"对话框

操作步骤 15. 创建刀具参数如图 6.1.4-16 所示，刀具直径为 12mm，面铣刀。

操作步骤 16. 在导航器中，在 WORKPIECE 上右击，在弹出的快捷菜单中，选择"插入"→"工序"命令，如图 6.1.4-17 所示。

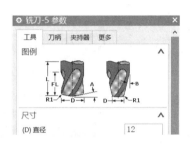

图 6.1.4-16 创建刀具参数　　　　　　　图 6.1.4-17 选择"工序"命令

操作步骤 17. "工序子类型"选择精铣底面，如图 6.1.4-18 所示。

图 6.1.4-18 选择精铣底面

操作步骤 18. 在图 6.1.4-19 所示对话框中设置精铣底面参数。

操作步骤 19. 单击 图标指定工件边界，如图 6.1.4-20 所示。

操作步骤 20. 单击 图标指定毛坯边界，如图 6.1.4-21 所示。

操作步骤 21. 单击 图标指定底面，如图 6.1.4-22 所示。

操作步骤 22. 单击"切削参数"图标，切换到"余量"选项卡，设置"工件余量"为"0"，如图 6.1.4-23 所示。

操作步骤 23. 单击 图标生成刀具轨迹，如图 6.1.4-24 所示。

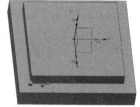

图 6.1.4-19　设置精铣底面参数　　　　图 6.1.4-20　指定工件边界

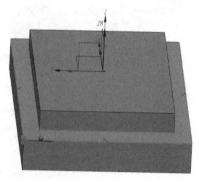

图 6.1.4-21　指定毛坯边界

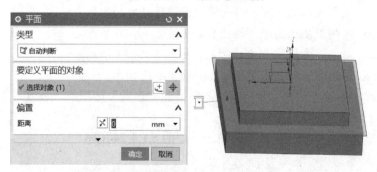

图 6.1.4-22　指定底面

图 6.1.4-23 设置切削参数

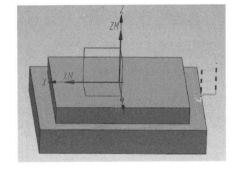

图 6.1.4-24 生成刀具轨迹

操作步骤 24. 单击 图标弹出"刀轨可视化"对话框，单击 图标播放，如图 6.1.4-25 所示。

操作步骤 25. 单击"确定"按钮完成刀具轨迹的制定。

操作步骤 26. 在导航器中，在刀具轨迹上右击，在弹出的快捷菜单中，选择"后处理"命令，如图 6.1.4-26 所示。

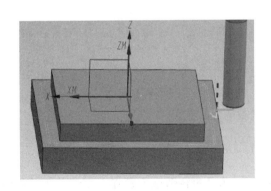

图 6.1.4-25 仿真的刀具轨迹

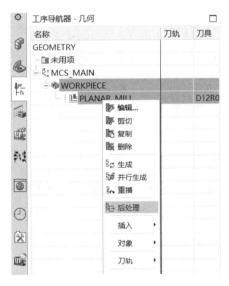

图 6.1.4-26 选择"后处理"命令

操作步骤 27. 打开"后处理"对话框，选择 MILL_3_AXIS 选项，选择输出路径设置单位为"公制/部件"，如图 6.1.4-27 所示。

操作步骤 28. 生成程序并进行修改，如图 6.1.4-28 所示。

UG NX 12.0 产品三维建模与数控加工

图 6.1.4-27 设置后处理参数

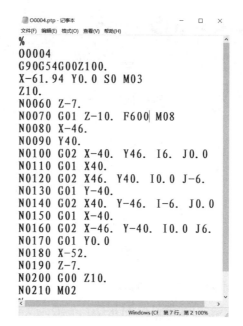

底面精加工

图 6.1.4-28 生成程序

教学内容 6.1.5：底壁铣型腔加工

教学目标

知识目标：学会使用底壁铣型腔加工功能完成数模底壁铣型腔加工
技能目标：掌握底壁铣型腔加工功能参数的设置方法
素质目标：培养学生良好的职业道德
思想政治目标：培养创新意识

教学重点、难点

教学重点：学会使用底壁铣型腔加工功能完成数模底壁铣型腔加工
教学难点：掌握数模底壁铣型腔加工功能参数的设置方法

任务描述

利用学习的建模指令完成数模的建立，利用新学习的底壁铣型腔加工指令及相关参数的设置，生成加工刀具轨迹，进行后处理，生成加工程序，完成型腔加工，达到本任务的学习目标。

任务知识

例 5：按图纸建模并进行与教学内容加工，如图 6.1.5-1 所示。

项目六　数控加工

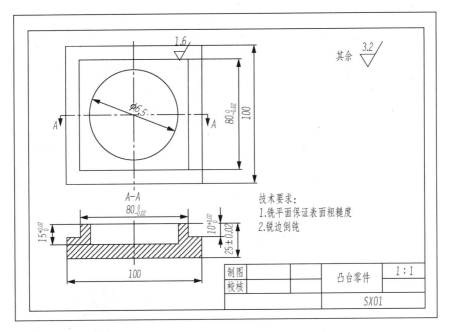

图 6.1.5-1　凸台零件图纸

操作步骤 1. 在建模模式选择"文件"→"启动"→"加工"命令，进入加工模式，弹出"加工环境"对话框，如图 6.1.5-2 所示。

操作步骤 2. 选择"资源条选项"中的"工序导航器-程序顺序"，如图 6.1.5-3 所示。

图 6.1.5-2　"加工环境"对话框

图 6.1.5-3　"工序导航器"对话框

操作步骤 3. 在工序导航器中的空白位置右击，可切换视图界面，选择"几何视图"选项，如图 6.1.5-4 所示。

操作步骤 4. 在几何视图中，选择 MCS_MILL 选项，如图 6.1.5-5 所示。

操作步骤 5. 在"MCS 铣削"对话框中指定 MCS，如图 6.1.5-6 所示。

操作步骤 6. 在工件上拾取坐标并进行调整，Z 轴正方向垂直工件上表面，并正确摆放 X、Y 坐标方向，以符合机床坐标系，如图 6.1.5-7 所示。

图 6.1.5-4 选择"几何视图"选项

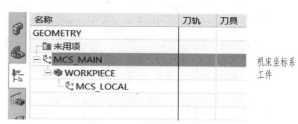

图 6.1.5-5 选择 MCS_MILL 选项

图 6.1.5-6 在"MCS 铣削"对话框中指定 MCS

图 6.1.5-7 在工件上拾取坐标

操作步骤 7. 选择 WORKPIECE 中的工件右击，在弹出的快捷菜单中，选择"工件"命令，打开"工件"对话框，如图 6.1.5-8 所示。

操作步骤 8. 单击 图标指定工件，如图 6.1.5-9 所示。

图 6.1.5-8 "工件"对话框

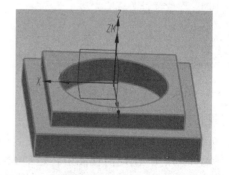

图 6.1.5-9 被选中的工件

操作步骤 9. 单击 图标指定毛坯，弹出"毛坯几何体"对话框，如图 6.1.5-10 所示。

操作步骤 10. 在"毛坯几何体"对话框中选择"包容块"，如图 6.1.5-11 所示。

操作步骤 11. 包容块的参数设置如图 6.1.5-12 所示。

操作步骤 12. 工件上包容块的显示，如图 6.1.5-13 所示。

图 6.1.5-10 "毛坯几何体界面"对话框

图 6.1.5-11 在"毛坯几何体"对话框中选择"包容块"选项

图 6.1.5-12 设置包容块参数

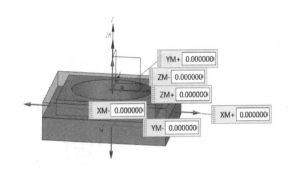

图 6.1.5-13 工件上包容块的显示

操作步骤 13. 单击"确定"按钮完成指定工件和毛坯的过程。在导航器中,在 WORKPIECE 上右击,在弹出的快捷菜单中,选择"插入"→"刀具"命令,如图 6.1.5-14 所示。

操作步骤 14. "创建刀具"对话框,如图 6.1.5-15 所示。

图 6.1.5-14 选择"刀具"命令

图 6.1.5-15 "创建刀具"对话框

操作步骤 15. 创建刀具参数如图 6.1.5-16 所示,刀具直径为 12mm,立铣刀。

操作步骤 16. 在导航器中,在 WORKPIECE 上右击,在弹出的快捷菜单中,选择"插入"→"工序"命令，如图 6.1.5-17 所示。

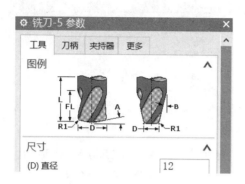

图 6.1.5-16　设置刀具参数

图 6.1.5-17　选择"工序"命令

操作步骤 17. "工序子类型"选择底壁铣，如图 6.1.5-18 所示。

图 6.1.5-18　选择底壁铣

操作步骤 18. 设置底壁铣参数，单击拾取底面，单击拾取自动壁，单击切削区域空间范围选择"壁"，切削模式选择"轮廓"，底面毛坯厚度填写"15"，每刀切削深度填写"0.5"，如图 6.1.5-19 所示。

操作步骤 19. 单击 图标指定切削区底面，如图 6.1.5-20 所示。

操作步骤 20. 单击"非切削移动"图标，打开"非切削移动"对话框，切换到"退刀"选项卡，选择"与进刀相同"，切换到"进刀"选项卡，开放区域选择"与封闭区域相同"，封闭区域的设置如图 6.1.5-21 所示。

操作步骤 21. 单击 图标生成刀具轨迹，如图 6.1.5-22 所示。

操作步骤 22. 单击 图标弹出"刀轨可视化"对话框，单击 "插放"按钮，如图 6.1.5-23 所示。

操作步骤 23. 单击"确定"按钮，完成刀具轨迹的制定。

操作步骤 24. 在导航器中，在刀具轨迹上右击，选择"后处理"命令，如图 6.1.5-24 所示。

操作步骤 25. 进入"后处理"对话框，选择 MILL_3_AXIS 选项，选择输出路径，设置单位为"公制/部件"，如图 6.1.5-25 所示。

操作步骤 26. 生成程序并进行修改，如图 6.1.5-26 所示。

图 6.1.5-19　设置底壁铣参数

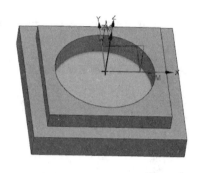

图 6.1.5-20　指定切削区底面

图 6.1.5-21　设置"非切削移动"参数

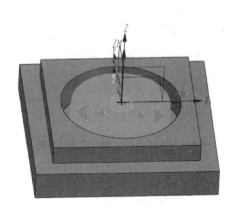

图 6.1.5-22　生成刀具轨迹

UG NX 12.0 产品三维建模与数控加工

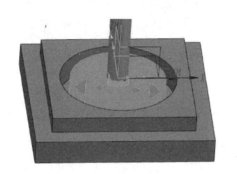

图 6.1.5-23　仿真的刀具轨迹

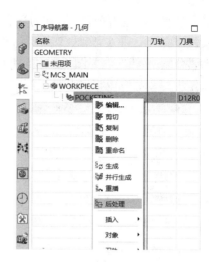

图 6.1.5-24　选择"后处理"命令

图 6.1.5-25　设置"后处理"参数

图 6.1.5-26　生成程序

底壁铣型腔加工

任务 6.2　钻孔加工技术

教学内容 6.2.1：钻中心孔加工

教学目标

知识目标：学会使用钻中心孔指令完成钻中心孔加工

技能目标：掌握钻中心孔功能参数的设置方法
素质目标：培养学生良好的职业道德
思想政治目标：培养创新思维和创新意识

教学重点、难点

教学重点：钻中心孔指令的正确使用
教学难点：钻中心孔指令的参数设定

任务描述

利用学习的建模指令完成数模的建立，利用新学习的钻中心孔加工指令及相关参数的设置方法，生成加工刀具轨迹，进行后置处理，生成加工程序，完成钻中心孔的加工，达到本任务的学习目标。

任务知识

例6：按图纸建模进行中心钻孔加工，如图6.2.1-1所示。

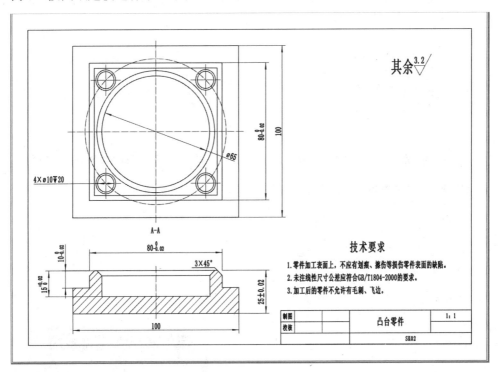

图6.2.1-1 凸台零件图纸

操作步骤1. 在建模模式选择"文件"→"启动"→"加工"命令，进入加工模式，弹出"加工环境"对话框，如图6.2.1-2所示。

操作步骤2. 选择"资源条选项"中的"工序导航器-程序顺序"，如图6.2.1-3所示。

图 6.2.1-2 "加工环境"对话框

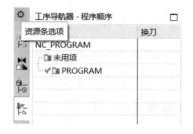

图 6.2.1-3 "工序导航器"对话框

操作步骤 3. 在工序导航器中的空白位置右击,可以切换视图界面,选择"几何视图"选项,如图 6.2.1-4 所示。

操作步骤 4. 在几何视图中,选择 MCS_MILL 选项,如图 6.2.1-5 所示。

操作步骤 5. 在"MCS 铣削"对话框中指定 MCS,如图 6.2.1-6 所示。

操作步骤 6. 在工件上拾取坐标并进行调整,Z 轴正方向垂直工件上表面,并正确摆放 X、Y 坐标方向,以符合机床坐标系,如图 6.2.1-7 所示。

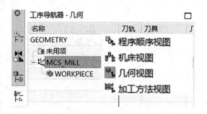

图 6.2.1-4 选择"几何视图"选项

图 6.2.1-5 选择 MCS_MILL 选项

图 6.2.1-6 在"MCS 铣削"对话框中指定 MCS

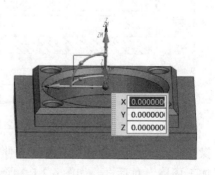

图 6.2.1-7 在工件上拾取坐标

操作步骤 7. 单击"确定"按钮完成指定工件和毛坯的过程。在导航器中，在 WORKPIECE 上右击，在弹出的快捷菜单中，选择"插入"→"刀具"命令，如图 6.2.1-8 所示。

操作步骤 8. 弹出"创建刀具"对话框如图 6.2.1-9 所示。

图 6.2.1-8　选择"刀具"命令　　　　　图 6.2.1-9　"创建刀具"对话框

操作步骤 9. 创建刀具参数如图 6.2.1-10 所示。

操作步骤 10. 在导航器中，在 WORKPIECE 上右击，在弹出的快捷菜单中，选择"插入"→"工序"命令，如图 6.2.1-11 所示。

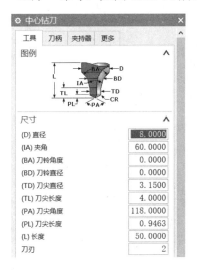

图 6.2.1-10　设置刀具参数　　　　　图 6.2.1-11　选择"工序"命令

操作步骤 11. "工序子类型"选择钻中心孔，如图 6.2.1-12 所示。

操作步骤 12. 钻中心孔参数设置，如图 6.2.1-13 所示。

操作步骤 13. 单击图标指定特征几何体，拾取特征，深度修改为"3mm"，如图 6.2.1-14、图 6.2.1-15 所示。

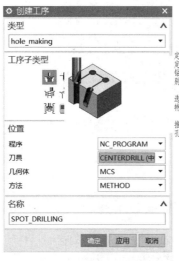

定心钻
定心钻工序可以对选定的孔几何体手动定心钻孔，也可以使用根据特征类型分组的已识别特征。

选择孔几何体或使用已识别的孔特征。过程特征的体积确定待除料量。

推荐用于对选定的孔、孔/凸台几何体组中的孔，或对特征组中先前识别的特征分别定心钻。

图 6.2.1-12　选择钻中心孔　　　　　图 6.2.1-13　设置钻中心孔参数

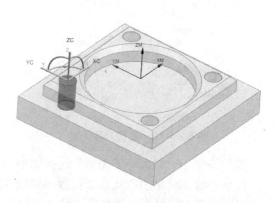

图 6.2.1-14　设置特征几何体参数　　　图 6.2.1-15　拾取几何体特征

操作步骤 14. 单击 ▶ 图标生成刀具轨迹，如图 6.2.1-16 所示。

操作步骤 15. 单击 图标弹出"刀轨可视化"对话框，单击"播放"按钮 ▶，如图 6.2.1-17 所示。

操作步骤 16. 单击"确定"按钮，完成刀具轨迹的制定。

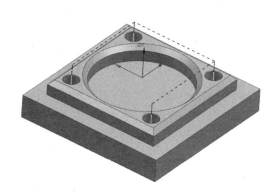 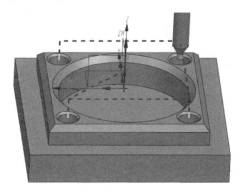

图 6.2.1-16　生成刀具轨迹　　　　　　图 6.2.1-17　仿真的刀具轨迹

操作步骤 17. 在导航器中，在刀具轨迹上右击，在弹出的快捷菜单中，选择"后处理"命令，如图 6.2.1-18 所示。

操作步骤 18. 进入"后处理"对话框，选择 MILL_3_AXIS 选项，选择输出路径，设置单位为"公制/部件"，如图 6.2.1-19 所示。

图 6.2.1-18　选择"后处理"命令　　　　图 6.2.1-19　设置"后处理"参数

操作步骤 19. 生成程序并进行修改，如图 6.2.1-20 所示。

```
O0006
G90 G54 G00 Z100.
S1000 M3
X30.052 Y30.052
Z10.
G81 G98 Z-3. F100 R3.
N22 Y-30.052
N24 X-30.052
N26 Y30.052
N28 X0. Y0.
N30 G80
N32 M5
N34 M30
```

钻中心孔

图 6.2.1-20　生成程序

教学内容 6.2.2：深孔钻、埋孔钻加工

教学目标

知识目标：学会使用深孔钻、埋孔钻功能完成钻孔加工
技能目标：掌握深孔钻、埋孔钻功能参数的设置方法
素质目标：培养学生良好的职业道德
思想政治目标：精神文化内涵培育

教学重点、难点

教学重点：深孔钻、埋孔钻指令的正确使用方法
教学难点：深孔钻、埋孔钻指令的参数设置方法

任务描述

利用学习的建模指令完成数模的建立，利用新学习的深孔钻、埋孔钻加工指令及相关参数的设置方法，生成加工刀具轨迹，进行后置处理，生成加工程序，完成深孔钻、埋孔钻的加工，达到本任务的学习目标。

任务知识

例 7：按图纸建模进行深孔钻加工，如图 6.2.2-1 所示。

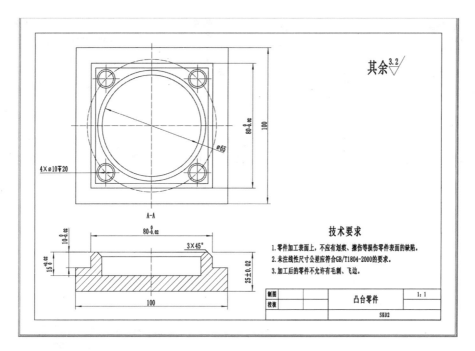

图 6.2.2-1　凸台零件图纸

操作步骤 1. 在建模模式选择"文件"→"启动"→"加工"命令，进入加工模式，弹出"加工环境"对话框，如图 6.2.2-2 所示。

操作步骤 2. 选择"资源条选项"中的"工序导航器-程序顺序"，如图 6.2.2-3 所示。

图 6.2.2-2　"加工环境"对话框

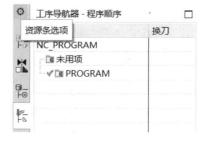

图 6.2.2-3　"工序导航器"对话框

操作步骤 3. 在工序导航器中的空白位置右击，可以切换视图界面，选择"几何视图"命令，如图 6.2.2-4 所示。

操作步骤 4. 在几何视图中，选择 MCS_MILL 选项，如图 6.2.2-5 所示。

图 6.2.2-4 选择"几何视图"选项　　　　图 6.2.2-5 选择 MCS_MILL 选项

操作步骤 5. 在"MCS 铣削"对话框中指定 MCS，如图 6.2.2-6 所示。

操作步骤 6. 在工件上拾取坐标并进行调整，Z 轴正方向垂直工件上表面，并正确摆放 X、Y 坐标方向，以符合机床坐标系，如图 6.2.2-7 所示。

 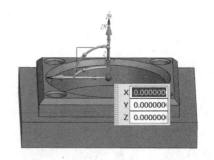

图 6.2.2-6　在"MCS 铣削"对话框中指定 MCS　　　图 6.2.2-7　在工件上拾取坐标

操作步骤 7. 单击"确定"按钮，完成指定工件和毛坯的过程。在导航器中，在 WORKPIECE 上右击，在弹出的快捷菜单中，选择"插入"→"刀具"命令，如图 6.2.2-8 所示。

操作步骤 8. 弹出"创建刀具"对话框，如图 6.2.2-9 所示。

图 6.2.2-8　选择"刀具"命令　　　　图 6.2.2-9　"创建刀具"对话框

操作步骤 9. 创建刀具参数如图 6.2.2-10 所示。

操作步骤 10. 在导航器中，在 WORKPIECE 上右击，在弹出的快捷菜单中，选择"插入"→"工序"命令，如图 6.2.2-11 所示。

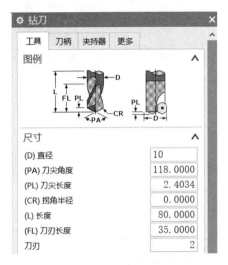

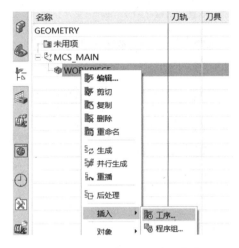

图 6.2.2-10　创建刀具参数　　　　　　　图 6.2.2-11　选择"工序"命令

操作步骤 11. "工序子类型"选择深孔钻，如图 6.2.2-12 所示。

图 6.2.2-12　深孔钻加工选择

操作步骤 12. 深孔钻参数设置如图 6.2.2-13 所示。

操作步骤 13. 单击图标指定特征几何体，拾取特征，深度修改为"16mm"，如图 6.2.2-14、图 6.2.2-15 所示。

操作步骤 14. 单击图标生成刀具轨迹，如图 6.2.2-16 所示。

图 6.2.2-13　设置深孔钻参数

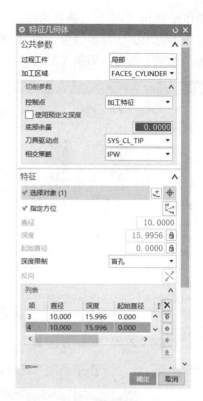

图 6.2.2-14　设置特征几何体参数

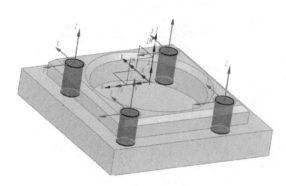

图 6.2.2-15　拾取几何体特征

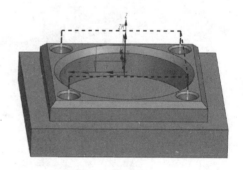

图 6.2.2-16　生成刀具轨迹

操作步骤 15. 单击 图标，弹出刀轨可视化对话框，单击"播放"按钮，如图 6.2.2-17 所示。

操作步骤 16. 单击"确定"按钮，完成刀具轨迹的制定。

操作步骤 17. 在导航器中，在刀具轨迹上右击，在弹出的快捷菜单中，选择"后处理"命令，如图 6.2.2-18 所示。

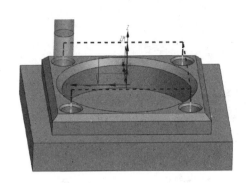

图 6.2.2-17　仿真的刀具轨迹　　　　　图 6.2.2-18　选择"后处理"命令

操作步骤 18. 进入"后处理"对话框，选择 MILL_3_AXIS 选项，选择输出路径，设置单位为"公制/部件"，如图 6.2.2-19 所示。

操作步骤 19. 生成程序并进行修改，如图 6.2.2-20 所示。

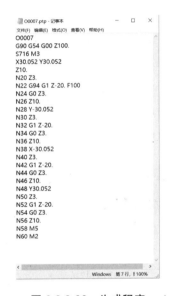

图 6.2.2-19　设置"后处理"参数　　　　图 6.2.2-20　生成程序

操作步骤 20. 在导航器中，在 WORKPIECE 上右击，在弹出的快捷菜单中，选择"插入"→"刀具"命令，如图 6.2.2-21 所示。

操作步骤 21. 弹出"创建刀具"对话框，如图 6.2.2-22 所示。

操作步骤 22. 创建刀具参数设置如图 6.2.2-23 所示。

操作步骤 23. 在导航器中，在 WORKPIECE 上右击，在弹出的快捷菜单中，选择"插入"→"工序"命令，如图 6.2.2-24 所示。

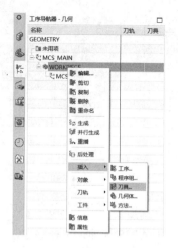

图 6.2.2-21 选择"刀具"命令

图 6.2.2-22 "创建刀具"对话框

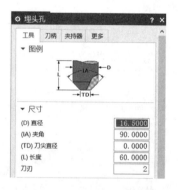

图 6.2.2-23 创建刀具参数设置

图 6.2.2-24 选择"工序"命令

操作步骤 24. "工序子类型"选择钻埋头孔，如图 6.2.2-25 所示。

图 6.2.2-25 选择钻埋头孔

操作步骤 25. 设置钻埋头孔参数，如图 6.2.2-26 所示。

操作步骤 26. 单击 图标指定特征几何体，拾取特征，如图 6.2.2-27、图 6.2.2-28 所示。

图 6.2.2-26　设置钻埋头孔参数

图 6.2.2-27　特征几何体参数设置

操作步骤 27. 单击 图标生成刀具轨迹，如图 6.2.2-29 所示。

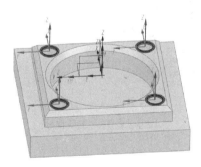

图 6.2.2-28　拾取几何体特征

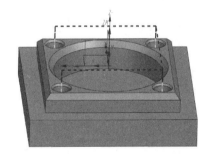

图 6.2.2-29　生成刀具轨迹

操作步骤 28. 单击 图标打开"刀轨可视化"对话框，单击"播放"按钮 ，如图 6.2.2-30 所示。

操作步骤 29. 单击"确定"按钮，完成刀具轨迹的制定。

操作步骤 30. 在导航器中，在刀具轨迹上右击，在弹出的快捷菜单中，选择"后处理"命令，如图 6.2.2-31 所示。

操作步骤 31. 进入"后处理"对话框，选择 MILL_3_AXIS 选项，选择输出路径，设置单位为"公制/部件"，如图 6.2.2-32 所示。

操作步骤 32. 生成程序并进行修改，如图 6.2.2-33 所示。

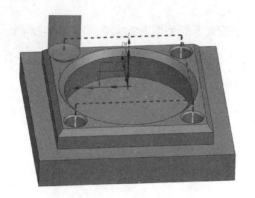

图 6.2.2-30 仿真的刀具轨迹

图 6.2.2-31 选择"后处理"命令

图 6.2.2-32 设置"后处理"参数

深孔钻埋孔钻

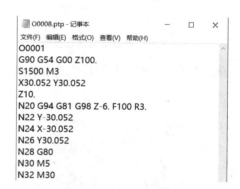

图 6.2.2-33 生成程序

任务 6.3 型腔铣加工技术

教学内容 6.3.1：型腔铣加工

教学目标

知识目标：学会使用型腔铣功能完成零件加工
技能目标：掌握型腔铣功能参数的设置方法
素质目标：培养学生良好的职业道德
思想政治目标：实现高职示范校校园文化养成

教学重点、难点

教学重点：型腔铣指令的正确使用方法
教学难点：型腔铣指令的参数设置方法

任务描述

利用学习的建模指令完成数模的建立，利用新学习的型腔铣加工指令及相关参数的设置，生成加工刀具轨迹，进行后置处理，生成加工程序，完成型腔铣的加工，达到本任务的学习目标。

任务知识

例 8：按图纸建模进行型腔铣加工，如图 6.3.1-1 所示。

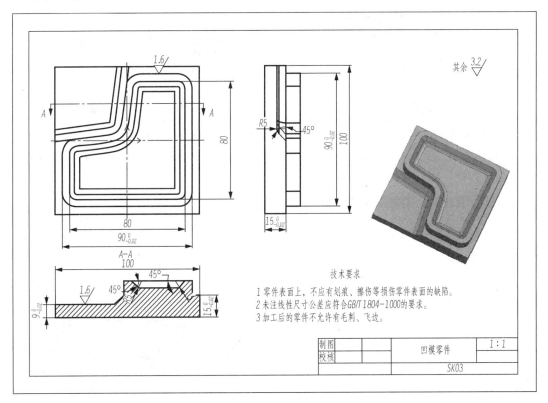

图 6.3.1-1　凹模零件图纸

操作步骤 1. 在建模模式选择"文件"→"启动"→"加工"命令，进入加工模式，弹出"加工环境"对话框，如图 6.3.1-2 所示。

操作步骤 2. 选择"资源条选项"中的"工序导航器-程序顺序"，如图 6.3.1-3 所示。

操作步骤 3. 在工序导航器中的空白位置右击，可以切换视图界面，选择"几何视图"选项，如图 6.3.1-4 所示。

操作步骤 4. 在几何视图中，选择"MCS_MILL"选项，如图 6.3.1-5 所示。

图 6.3.1-2 "加工环境"对话框

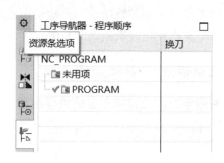

图 6.3.1-3 "工序导航器"对话框

图 6.3.1-4 选择"几何视图"选项

图 6.3.1-5 选择 MCS_MILL 选项

操作步骤 5. 在"MCS 铣削"对话框中指定 MCS，如图 6.3.1-6 所示。

操作步骤 6. 在工件上拾取坐标并进行调整，Z 轴正方向垂直工件上表面，并正确摆放 X、Y 坐标方向，以符合机床坐标系，如图 6.3.1-7 所示。

图 6.3.1-6 在"MCS 铣削"对话框中指定 MCS

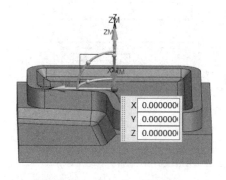

图 6.3.1-7 在工件上拾取坐标

操作步骤 7. 在 WORKPIECE 中选择工件并右击，在弹出的快捷菜单中选择"工件"命令，打开"工件"对话框，如图 6.3.1-8 所示。

操作步骤 8. 单击图标指定工件，如图 6.3.1-9 所示。

操作步骤 9. 单击图标指定毛坯，弹出"毛坯几何体"对话框，如图 6.3.1-10 所示。

操作步骤 10. 在"毛坯几何体"对话框中选择"包容块"，如图 6.3.1-11 所示。

操作步骤 11. 包容块参数设置如图 6.3.1-12 所示。

操作步骤 12. 工件上包容块的显示，如图 6.3.1-13 所示。

图 6.3.1-8 "工件"对话框

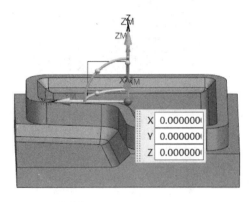

图 6.3.1-9 被选中的工件

图 6.3.1-10 "毛坯几何体"对话框

图 6.3.1-11 在"毛坯几何体"对话框中选择"包容块"选项

图 6.3.1-12 设置包容块参数

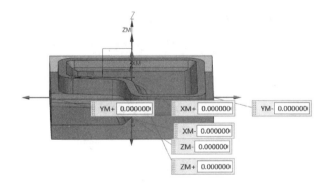

图 6.3.1-13 工件上包容块的显示

操作步骤 13. 单击"确定"按钮，完成指定工件和毛坯的过程。在导航器中，在 WORKPIECE 上右击，在弹出的快捷菜单中，选择"插入"→"刀具"命令，如图 6.3.1-14 所示。

操作步骤 14. 弹出"创建刀具"对话框，如图 6.3.1-15 所示。

操作步骤 15. 创建刀具参数如图 6.3.1-16 所示。

操作步骤 16. 在导航器中，在 WORKPIECE 上右击，在弹出的快捷菜单中，选择"插入"→"工序"命令，如图 6.3.1-17 所示。

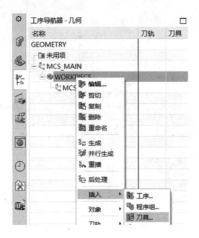

图 6.3.1-14 选择"刀具"命令

图 6.3.1-15 "创建刀具"对话框

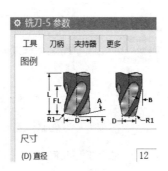

图 6.3.1-16 创建刀具参数

图 6.3.1-17 选择"工序"命令

操作步骤 17. "工序子类型"选择型腔铣，如图 6.3.1-18 所示。

图 6.3.1-18 选择型腔铣

操作步骤 18. 设置型腔铣参数，"切削模式"选择"跟随周边"，"公共每刀切削深度"选择"恒定"，"最大距离"设置为"0.5"。单击"切削参数"图标，切换到"策略"选项卡，"切削方向"选择"逆铣"，"切削顺序"选择"深度优先"；切换到"余量"选项卡，选中"使底面余量与侧面余量一致"复选框。单击"非切削移动"图标，切换到"进刀"选项卡，将"封闭区域"下的斜坡角设置为"1"、高度设置为"1"，将"开放区域"下的进刀类型设置为"线性"。切换到"退刀"选项卡，将"退刀类型"设置为"与进刀相同"，如图 6.3.1-19～图 6.3.1-23 所示。

图 6.3.1-19　设置型腔铣参数

图 6.3.1-20　设置切削参数

图 6.3.1-21　设置余量参数

图 6.3.1-22　设置进刀参数

操作步骤 19. 单击图标生成刀具轨迹，如图 6.3.1-24 所示。

操作步骤 20. 单击图标打开"刀轨可视化"对话框，单击"播放"按钮，如图 6.3.1-25 所示。

操作步骤 21. 单击"确定"按钮，完成刀具轨迹的制定。

操作步骤 22. 在导航器中，在刀具轨迹上右击，在弹出的快捷菜单中，选择"后处理"命令，如图 6.3.1-26 所示。

图 6.3.1-23　设置退刀参数

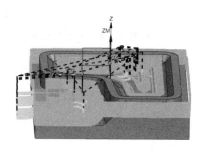

图 6.3.1-24　生成刀具轨迹

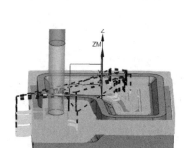

图 6.3.1-25　仿真的刀具轨迹

图 6.3.1-26　选择"后处理"命令

操作步骤 23. 进入"后处理"对话框，选择"MILL_3_AXIS"选项，选择输出路径，设置单位为"公制/部件"，如图 6.3.1-27 所示。

操作步骤 24. 生成程序并进行修改，如图 6.3.1-28 所示。

图 6.3.1-27　设置"后处理"参数

图 6.3.1-28　生成程序

型腔铣

教学内容 6.3.2：实体轮廓 3D 加工

教学目标

知识目标：学会使用实体轮廓 3D 功能完成零件侧壁加工
技能目标：掌握实体轮廓 3D 功能参数的设置方法
素质目标：培养学生良好的职业道德
思想政治目标：培养解决实际问题的能力

教学重点、难点

教学重点：实体轮廓 3D 功能的正确使用方法
教学难点：实体轮廓 3D 功能的参数设置方法

任务描述

利用学习的建模指令完成数模的建立，利用新学习的实体轮廓 3D 加工指令及相关参数的设置，生成加工刀具轨迹，进行后置处理，生成加工程序，完成实体轮廓 3D 加工，达到本任务的学习目标。

例 9：按图纸建模进行实体轮廓 3D 加工，如图 6.3.2-1 所示。

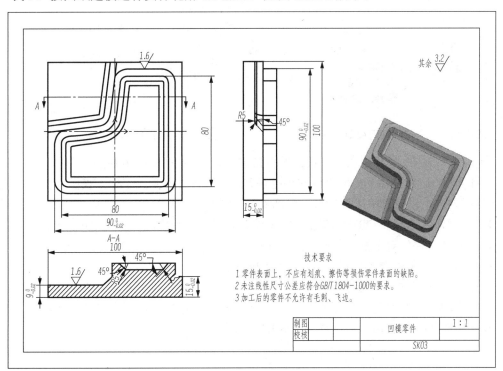

图 6.3.2-1　凹模零件图纸

任务知识

操作步骤 1. 在建模模式选择"文件"→"启动"→"加工"命令，进入加工模式，弹出"加工环境"对话框，如图 6.3.2-2 所示。

操作步骤 2. 选择"资源条选项"中的"工序导航器-程序顺序"，如图 6.3.2-3 所示。

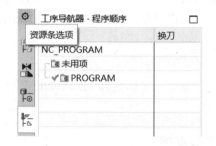

图 6.3.2-2 "加工环境"对话框　　图 6.3.2-3 "工序导航器"对话框

操作步骤 3. 在工序导航器中的空白位置右击，可以切换视图界面，选择"几何视图"选项，如图 6.3.2-4 所示。

操作步骤 4. 在几何视图中，选择 MCS_MILL 选项，如图 6.3.2-5 所示。

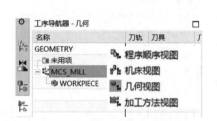

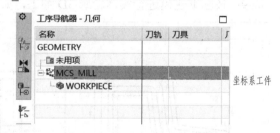

图 6.3.2-4 选择"几何视图"选项　　图 6.3.2-5 选择 MCS_MILL 选项

操作步骤 5. 在"MCS 铣削"对话框中指定 MCS，如图 6.3.2-6 所示。

操作步骤 6. 在工件上拾取坐标并进行调整，Z 轴正方向垂直工件上表面，并正确摆放 X、Y 坐标方向，以符合机床坐标系，如图 6.3.2-7 所示。

操作步骤 7. 选择 WORKPIECE 中的工件并右击，在弹出的快捷菜单中，选择"工件"命令，打开"工件"对话框，如图 6.3.2-8 所示。

操作步骤 8. 单击 图标指定工件，如图 6.3.2-9 所示。

操作步骤 9. 单击 图标指定毛坯，弹出"毛坯几何体"对话框，如图 6.3.2-10 所示。

操作步骤 10. 在"毛坯几何体"对话框中选择"包容块"，如图 6.3.2-11 所示。

操作步骤 11. 包容块参数设置如图 6.3.2-12 所示。

图 6.3.2-6 在"MCS 铣削"对话框中指定 MCS

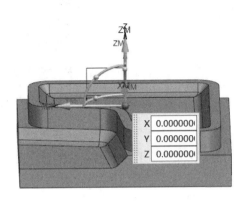

图 6.3.2-7 在工件上拾取坐标

图 6.3.2-8 "工件"对话框

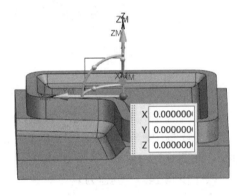

图 6.3.2-9 被选中的工件

图 6.3.2-10 "毛坯几何体"对话框

图 6.3.2-11 在"毛坯几何体"对话框中选择"包容块"

图 6.3.2-12　设置包容块参数

操作步骤 12. 工件上包容块的显示如图 6.3.2-13 所示。

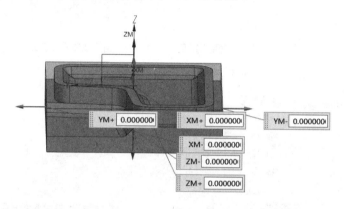

图 6.3.2-13　工件上包容块的显示

操作步骤 13. 单击"确定"按钮，完成指定工件和毛坯的过程。

在导航器中，在 WORKPIECE 上右击，在弹出的快捷菜单中，选择"插入"→"刀具"命令，如图 6.3.2-14 所示。

操作步骤 14. "创建刀具"对话框，如图 6.3.2-15 所示。

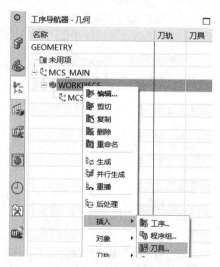

图 6.3.2-14　选择"刀具"命令

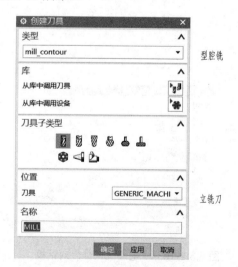

图 6.3.2-15　"创建刀具"对话框

操作步骤 15. 创建刀具参数如图 6.3.2-16 所示。

操作步骤 16. 在导航器中，在 WORKPIECE 上右击，选择"插入"→"工序"命令，如图 6.3.2-17 所示。

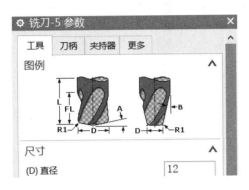

图 6.3.2-16　创建刀具参数

图 6.3.2-17　选择"工序"命令

操作步骤 17. "工序子类型"选择实体轮廓 3D，如图 6.3.2-18 所示。

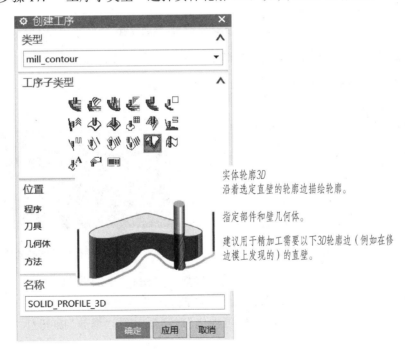

图 6.3.2-18　选择实体轮廓 3D

操作步骤 18. 实体轮廓 3D 参数设置如图 6.3.2-19 所示。

图 6.3.2-19　实体轮廓 3D 参数设置

操作步骤 19. 单击 图标指定壁，如图 6.3.2-20、图 6.3.2-21 所示。

图 6.3.2-20　几何体拾取壁

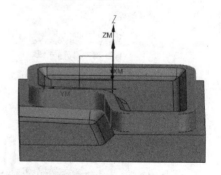

图 6.3.2-21　零件中拾取壁的显示

操作步骤 20. 单击"切削参数"图标设置参数，如图 6.3.2-22 所示。

操作步骤 21. 单击 图标生成刀具轨迹，如图 6.3.2-23 所示。

操作步骤 22. 单击 图标打开"刀轨可视化"对话框，选择"播放"按钮 ，如图 6.3.2-24 所示。

操作步骤 23. 单击"确定"按钮，完成刀具轨迹的制定。

操作步骤 24. 在导航器中，在刀具轨迹上右击，选择"后处理"命令，如图 6.3.2-25 所示。

操作步骤 25. 进入"后处理"对话框，选择"MILL_3_AXIS"，选择输出路径，设置单位为"公制/部件",如图 6.3.2-26 所示。

图 6.3.2-22 设置切削参数

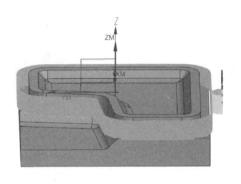

图 6.3.2-23 生成刀具轨迹

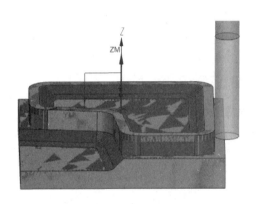

图 6.3.2-24 仿真的刀具轨迹

图 6.3.2-25 选择"后处理"命令

图 6.3.2-26 设置"后处理"参数

操作步骤 26. 生成程序并进行修改，如图 6.3.2-27 所示。

实体轮廓 3D

图 6.3.2-27　生成程序

教学内容 6.3.3：区域轮廓铣加工

教学目标

知识目标：学会使用区域轮廓铣功能完成零件区域面加工
技能目标：掌握区域轮廓铣功能参数的设定
素质目标：培养学生良好的职业道德
思想政治目标：培养探究实践的能力

教学重点、难点

教学重点：区域轮廓铣功能的正确使用
教学难点：区域轮廓铣功能的参数设定

任务描述

利用学习的建模指令完成数模的建立，利用新学习的区域轮廓铣加工指令及相关参数的设定，生成加工刀具轨迹，进行后置处理生成加工程序完成区域轮廓铣加工，达到本任务的学习目标。

任务知识

例10：按图纸建模进行区域轮廓铣加工，如图6.3.3-1所示。

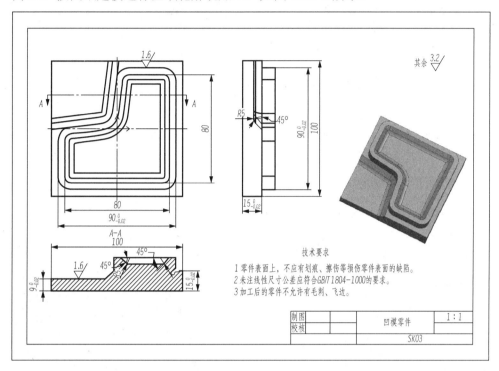

图6.3.3-1 凹模零件图纸

操作步骤1. 在建模模式选择"文件"→"启动"→"加工"命令，进入加工模式，弹出"加工环境"对话框，如图6.3.3-2所示。

操作步骤2. 选择"资源条选项"中的"工序导航器-程序顺序"，如图6.3.3-3所示。

图6.3.3-2 "加工环境"对话框　　　　图6.3.3-3 "工序导航器"对话框

操作步骤3. 在工序导航器中的空白位置右击，可以切换视图界面，选择"几何视图"选项，如图6.3.3-4所示。

操作步骤4. 在几何视图中，选择MCS_MILL选项，如图6.3.3-5所示。

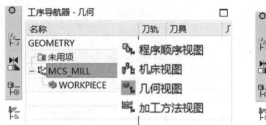

坐标系
工件

图 6.3.3-4 选择"几何视图"选项　　　　图 6.3.3-5 选择 MCS_MILL 选项

操作步骤 5. 在"MCS 铣削"对话框中指定 MCS，如图 6.3.3-6 所示。

操作步骤 6. 在工件上拾取坐标并进行调整，Z 轴正方向垂直工件上表面，并正确摆放 X、Y 坐标方向，符合机床坐标系，如图 6.3.3-7 所示。

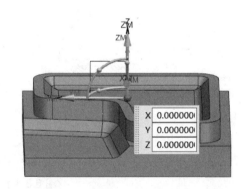

图 6.3.3-6 在"MCS 铣削"对话框中指定 MCS　　　图 6.3.3-7 在工件上拾取坐标

操作步骤 7. 选择 WORKPIECE 中的工件并右击，在弹出的快捷菜单中选择"工件"命令，打开"工件"对话框，如图 6.3.3-8 所示。

选择或编辑部件几何体
选择或编辑毛坯几何体

图 6.3.3-8 "工件"对话框

操作步骤 8. 单击 图标指定工件，如图 6.3.3-9 所示。
操作步骤 9. 单击 图标指定毛坯，弹出"毛坯几何体"对话框，如图 6.3.3-10 所示。

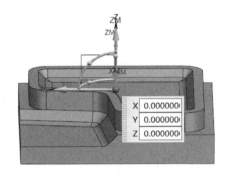

图 6.3.3-9 被选中的工件　　　　　　图 6.3.3-10 "毛坯几何体"对话框

操作步骤 10. 在"毛坯几何体"对话框中选择"包容块"，如图 6.3.3-11 所示。
操作步骤 11. 包容块参数设置如图 6.3.3-12 所示。

图 6.3.3-11 在"毛坯几何体"对话框中　　图 6.3.3-12 设置包容块参数
　　　　　选择"包容块"

操作步骤 12. 工件上包容块的显示如图 6.3.3-13 所示。

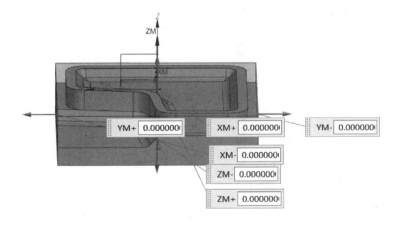

图 6.3.3-13 工件上的包容块显示

操作步骤 13. 单击"确定"按钮完成指定工件和毛坯的过程。

在导航器中，在 WORKPIECE 上右击，在弹出的快捷菜单中，选择"插入"→"刀具"命令，如图 6.3.3-14 所示。

操作步骤 14. "创建刀具"对话框如图 6.3.3-15 所示。

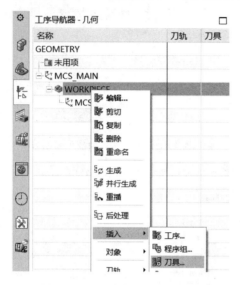

图 6.3.3-14 选择"刀具"命令

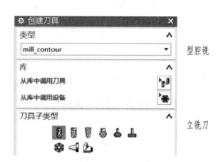

图 6.3.3-15 "创建刀具"对话框

操作步骤 15. 创建刀具参数如图 6.3.3-16 所示。

操作步骤 16. 在导航器中，在 WORKPIECE 上右击，在弹出的快捷菜单中，选择"插入"→"工序"命令，如图 6.3.3-17 所示。

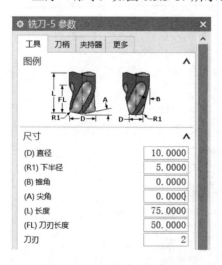

图 6.3.3-16 创建刀具参数

图 6.3.3-17 选择"工序"命令

操作步骤 17. "工序子类型"选择区域轮廓铣，如图 6.3.3-18 所示。

操作步骤 18. 区域轮廓铣参数设置如图 6.3.3-19 所示。

操作步骤 19. 单击 ![icon] 图标指定切削区域，如图 6.3.3-20、图 6.3.3-21 所示。

项目六 数控加工

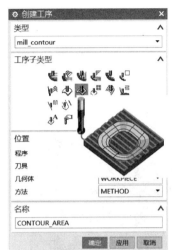

区域轮廓铣

使用区域铣切削驱动方法来加工切削区域中面的固定轴曲面轮廓铣工序。

指定部件几何体。选择面以指定切削区域。编辑驱动方法以指定切削模式。

建议用于精加工特定区域。

图 6.3.3-18　选择区域轮廓铣　　　　　图 6.3.3-19　设置区域轮廓铣参数

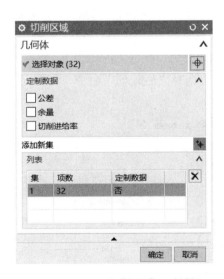

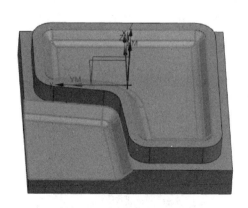

图 6.3.3-20　"切削区域"对话框　　　　图 6.3.3-21　零件中拾取平面及曲面的显示

191

操作步骤 20. "驱动方法"选择"区域铣削","非陡峭切削模式"选择"跟随周边",步距设置为 1%,如图 6.3.3-22 所示。

操作步骤 21. 单击 图标生成刀具轨迹,如图 6.3.3-23 所示。

图 6.3.3-22 多重深度参数设置

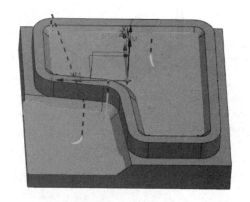

图 6.3.3-23 生成刀具轨迹

操作步骤 22. 单击 图标打开"刀轨可视化"对话框,选择"播放"按钮 ,如图 6.3.3-24 所示。

操作步骤 23. 单击"确定"按钮完成刀具轨迹的制定。

操作步骤 24. 在导航器中,在刀具轨迹上右击,选择"后处理"命令,如图 6.3.3-25 所示。

图 6.3.3-24 仿真的刀具轨迹

图 6.3.3-25 选择"后处理"命令

操作步骤 25. 进入"后处理"对话框，选择 MILL_3_AXIS，选择输出路径，设置单位为"公制/部件"，如图 6.3.3-26 所示。

操作步骤 26. 生成程序并进行修改，如图 6.3.3-27 所示。

图 6.3.3-26 设置"后处理"参数

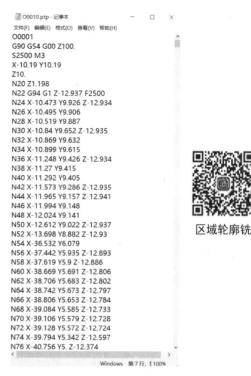

图 6.3.3-27 生成程序

教学内容 6.3.4：固定轮廓铣加工

教学目标

知识目标：学会使用固定轮廓铣功能完成工件曲面精加工
技能目标：掌握固定轮廓铣功能参数的设定
素质目标：培养学生良好的职业道德
思想政治目标：形势政策教育

教学重点、难点

教学重点：固定轮廓铣功能的正确使用
教学难点：固定轮廓铣功能的参数设定

任务描述

利用学习的建模指令完成数模的建立，利用新学习的固定轮廓铣指令及相关参数的设定,生成加工刀具轨迹,进行后置处理生成加工程序完成曲面精加工,达到本任务的学习目标。

任务知识

例 11:按图纸建模进行固定轮廓铣,如图 6.3.4-1 所示。

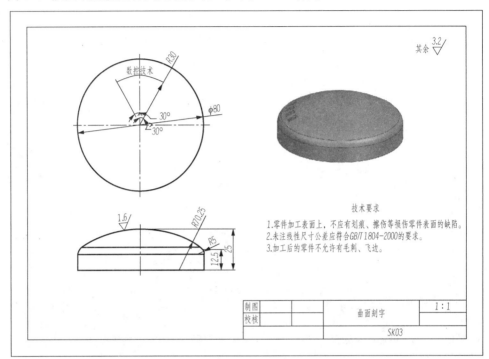

图 6.3.4-1 曲面刻字零件图纸

操作步骤 1. 在建模模式选择"文件"→"启动"→"加工"命令,进入加工模式,弹出"加工环境"对话框,如图 6.3.4-2 所示。

操作步骤 2. 选择"资源条选项"中的"工序导航器-程序顺序",如图 6.3.4-3 所示。

 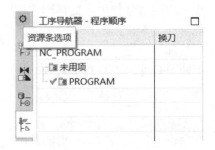

图 6.3.4-2 "加工环境"对话框　　　图 6.3.4-3 "工序导航器"对话框

操作步骤 3. 在工序导航器中的空白位置右击,可以切换视图界面,选择"几何视图"选项,如图 6.3.4-4 所示。

操作步骤 4. 在几何视图中,选择 MCS_MILL 选项,如图 6.3.4-5 所示。

图 6.3.4-4　选择"几何视图"选项

图 6.3.4-5　选择 MCS_MILL 选项

操作步骤 5. 在"MCS 铣削"对话框中指定 MCS，如图 6.3.4-6 所示。

操作步骤 6. 在工件上拾取坐标并进行调整，Z 轴正方向垂直工件上表面，并正确摆放 X、Y 坐标方向，符合机床坐标系，如图 6.3.4-7 所示。

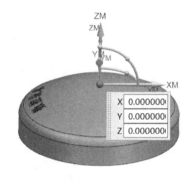

图 6.3.4-6　在"MCS 铣削"对话框中指定 MCS　　　图 6.3.4-7　在工件上拾取坐标

操作步骤 7. 在 WORKPIECE 中选择工件并右击，在弹出的快捷菜单中，选择"工件"命令，打开"工件"对话框，如图 6.3.4-8 所示。

操作步骤 8. 单击 图标指定工件，如图 6.3.4-9 所示。

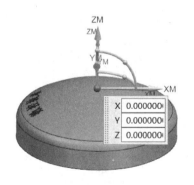

图 6.3.4-8　"工件"对话框　　　图 6.3.4-9　被选中的工件

操作步骤 9. 单击 图标指定毛坯，弹出"毛坯几何体"对话框，如图 6.3.4-10 所示。

操作步骤 10. 在"毛坯几何体"对话框中选择"包容圆柱体"，如图 6.3.4-11 所示。

图 6.3.4-10 "毛坯几何体"对话框

图 6.3.4-11 在"毛坯几何体"对话框中选择"包容圆柱体"

操作步骤 11. 工件上包容块的显示，如图 6.3.4-12 所示。

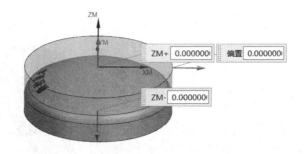

图 6.3.4-12 工件上包容块的显示

操作步骤 12. 单击"确定"按钮，完成指定工件和毛坯的过程。

在导航器中，在 WORKPIECE 上右击，在弹出的快捷菜单中，选择"插入"→"刀具"命令，如图 6.3.4-13 所示。

操作步骤 13. 创建"刀具"对话框如图 6.3.4-14 所示。

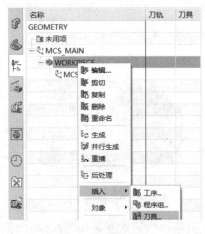

图 6.3.4-13 选择"刀具"命令

图 6.3.4-14 "创建刀具"对话框

操作步骤 14. 创建刀具参数如图 6.3.4-15 所示。

操作步骤 15. 在导航器中，在 WORKPIECE 上右击，在弹出的快捷菜单中，选择"插入"→"工序"命令，如图 6.3.4-16 所示。

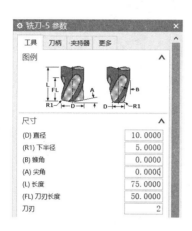
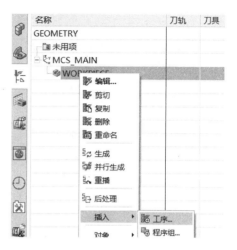

图 6.3.4-15　创建"刀具"参数　　　　图 6.3.4-16　选择"工序"命令

操作步骤 16. "工序子类型"选择固定轮廓铣，如图 6.3.4-17 所示。

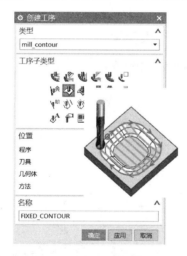

图 6.3.4-17　选择固定轮廓铣

操作步骤 17. 设置固定轮廓铣参数，驱动方法选择"区域铣削"，如图 6.3.4-18 所示。

操作步骤 18. 单击 图标指定切削区域，如图 6.3.4-19、图 6.3.4-20 所示。

操作步骤 19. 驱动方法选择"区域铣削"，单击其右侧图标，打开"区域铣削驱动方法"对话框，将"非陡峭切削"下的"平均直径百分比"设置为"1"，如图 6.3.4-21 所示。

操作步骤 20. 单击 图标生成刀具轨迹，如图 6.3.4-22 所示。

图 6.3.4-18 设置固定轮廓铣参数

图 6.3.4-19 指定切削区域

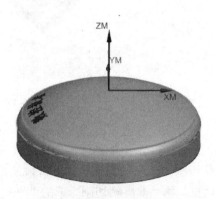

图 6.3.4-20 零件中拾取曲面的显示

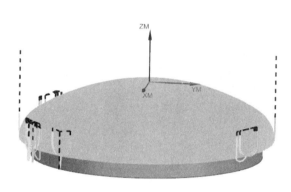

图 6.3.4-21 "区域铣削驱动方法"对话框　　图 6.3.4-22 生成刀具轨迹

操作步骤 21. 单击 图标打开"刀轨可视化"对话框，单击"播放"按钮 ，如图 6.3.4-23 所示。

操作步骤 22. 单击"确定"按钮，完成刀具轨迹的制定。

操作步骤 23. 在导航器中，在刀具轨迹上右击，选择"后处理"命令，如图 6.3.4-24 所示。

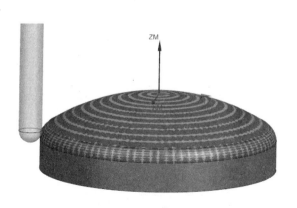
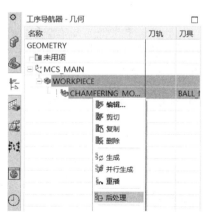

图 6.3.4-23 仿真的刀具轨迹　　图 6.3.4-24 选择"后处理"命令

操作步骤 24. 进入"后处理"对话框，选择 MILL_3_AXIS，选择输出路径，设置单位为"公制/部件"，如图 6.3.4-25 所示。

操作步骤 25. 生成程序并进行修改，如图 6.3.4-26 所示。

图 6.3.4-25　后处理参数设定

图 6.3.4-26　生成程序

教学内容 6.3.5：固定轮廓铣雕刻加工

教学目标

知识目标：学会使用固定轮廓铣雕刻加工功能完成零件雕刻加工
技能目标：掌握固定轮廓铣雕刻加工功能参数的设定
素质目标：培养学生良好的职业道德
思想政治目标：网络道德教育

教学重点、难点

教学重点：雕刻加工功能的正确使用
教学难点：雕刻加工功能的参数设定

任务描述

利用学习的建模指令完成数模的建立，利用新学习的雕刻加工指令及相关参数的设定，生成加工刀具轨迹，进行后置处理生成加工程序完成雕刻加工，达到本任务的学习目标。

任务知识

例 12：按图纸建模进行雕刻加工，如图 6.3.5-1 所示。

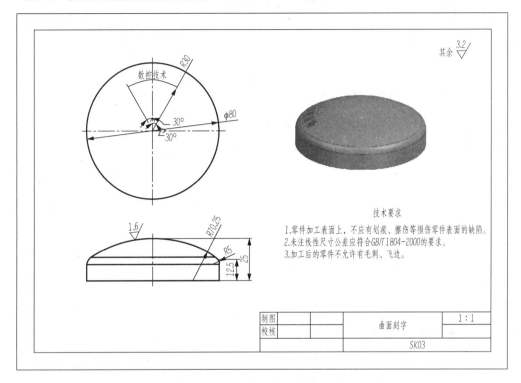

图 6.3.5-1 曲面刻字零件图纸

操作步骤 1. 在建模模式下选择"文件"→"启动"→"加工"命令，进入加工模式，弹出"加工环境"对话框，如图 6.3.5-2 所示。

图 6.3.5-2 "加工环境"对话框

操作步骤 2. 选择"资源条选项"中的"工序导航器-程序顺序"，如图 6.3.5-3 所示。

操作步骤 3. 在工序导航器中的空白位置右击，可以切换视图界面，选择"几何视图"，如图 6.3.5-4 所示。

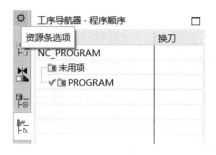

图 6.3.5-3 "工序导航器"对话框

图 6.3.5-4 选择"几何视图"选项

操作步骤 4. 在几何视图中,选择"MCS_MILL"选项,如图 6.3.5-5 所示。

操作步骤 5. 在"MCS 铣削"对话框中指定 MCS,如图 6.3.5-6 所示。

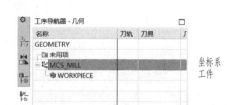

图 6.3.5-5 选择"MCS_MILL"选项

图 6.3.5-6 在"MCS 铣削"对话框中指定 MCS

操作步骤 6. 在工件上拾取坐标并进行调整,Z 轴正方向垂直工件上表面,并正确摆放 X、Y 坐标方向,符合机床坐标系,如图 6.3.5-7 所示。

操作步骤 7. 在 WORKPIECE 中右击工件,在弹出的快捷菜单中,选择"工件"命令,打开"工件"对话框,如图 6.3.5-8 所示。

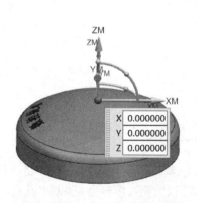

图 6.3.5-7 在工件上拾取坐标

图 6.3.5-8 "工件"对话框

操作步骤 8. 单击 图标指定工件，如图 6.3.5-9 所示。

操作步骤 9. 单击 图标指定毛坯，弹出"毛坯几何体"对话框，如图 6.3.5-10 所示。

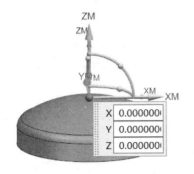
图 6.3.5-9　被选中的工件

图 6.3.5-10　"毛坯几何体"对话框

操作步骤 10. 在"毛坯几何体"对话框中选择"包容圆柱体"，如图 6.3.5-11 所示。

图 6.3.5-11　在"毛坯几何体"对话框中选择"包容圆柱体"

操作步骤 11. 工件上包容块的显示，如图 6.3.5-12 所示。

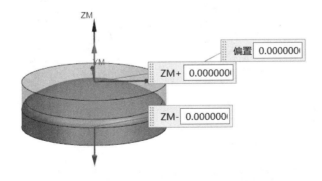
图 6.3.5-12　工件上包容块的显示

操作步骤 12. 单击"确定"按钮完成指定工件和毛坯的过程。

在导航器中，在 WORKPIECE 上右击，在弹出的快捷菜单中，选择"插入"→"刀具"命令，如图 6.3.5-13 所示。

操作步骤 13. "创建刀具"对话框如图 6.3.5-14 所示。

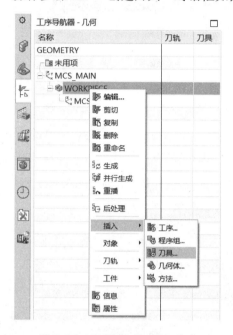

图 6.3.5-13　选择"刀具"命令

图 6.3.5-14　"创建刀具"对话框

操作步骤 14. 创建刀具参数如图 6.3.5-15 所示。

操作步骤 15. 在导航器中，在 WORKPIECE 上右击，在弹出的快捷菜单中，选择"插入"→"工序"命令，如图 6.3.5-16 所示。

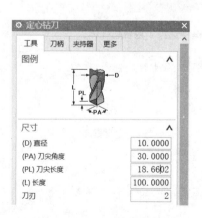

图 6.3.5-15　创建刀具参数

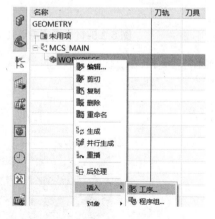

图 6.3.5-16　选择"工序"命令

操作步骤 16. "工序子类型"选择固定轮廓铣，如图 6.3.5-17 所示。

操作步骤 17. 设置固定轮廓铣参数，驱动方法选择"曲线/点"，如图 6.3.5-18 所示。

操作步骤 18. 曲线/点驱动方法，如图 6.3.5-19 所示。

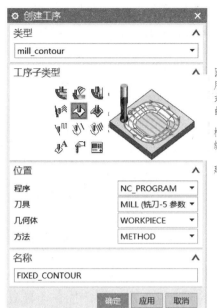

固定轮廓铣
用于对具有各种驱动方法、空间范围和切削模式的部件或切削区域进行轮廓铣的基础固定轴曲面轮廓铣工序。

根据需要指定部件几何体和切削区域。选择并编辑驱动方法来指定驱动几何体和切削模式。

建议通常用于精加工轮廓形状。

图 6.3.5-17 选择固定轮廓铣

图 6.3.5-18 设置固定轮廓铣参数

图 6.3.5-19 曲线/点驱动方法

操作步骤 19. 拾取相连曲线，如图 6.3.5-20 所示。
操作步骤 20. 生成刀具轨迹，如图 6.3.5-21 所示。

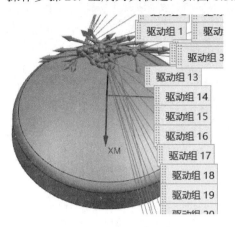 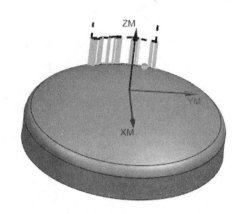

图 6.3.5-20　拾取相连曲线　　　　　　图 6.3.5-21　生成刀具轨迹

操作步骤 21. 单击 图标打开"刀轨可视化"对话框，选择"播放"按钮，如图 6.3.5-22 所示。

操作步骤 22. 单击"确定"完成刀具轨迹的制定。

操作步骤 23. 在导航器中，在刀具轨迹上右击选择"后处理"命令，如图 6.3.5-23 所示。

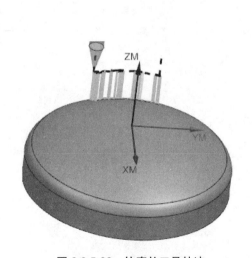

图 6.3.5-22　仿真的刀具轨迹　　　　　　图 6.3.5-23　选择"后处理"命令

操作步骤 24. 进入"后处理"对话框，选择 MILL_3_AXIS，选择输出路径参数设定，设置单位选用"公制/部件"，如图 6.3.5-24 所示。

操作步骤 25. 生成程序并进行修改，如图 6.3.5-25 所示。

项目六 数控加工

图 6.3.5-24 后处理参数设定

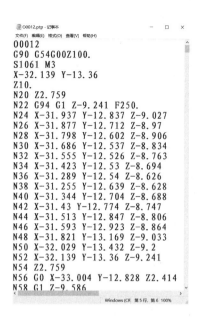

图 6.3.5-25 生成程序

雕刻加工